新时代
中国铁路客站

《新时代中国铁路客站》编委会　著

中国铁道出版社有限公司
CHINA RAILWAY PUBLISHING HOUSE CO., LTD.

2024年·北京

图书在版编目（CIP）数据

新时代中国铁路客站 /《新时代中国铁路客站》编委会著. -- 北京：中国铁道出版社有限公司，2024.7.
ISBN 978-7-113-31318-0

Ⅰ. TU248.1

中国国家版本馆 CIP 数据核字第 2024MF9976 号

书　　名：	新时代中国铁路客站
作　　者：	《新时代中国铁路客站》编委会

策　　划：	杨新阳　刘　霞		
责任编辑：	刘　霞	编辑部电话：（010）51873405	电子邮箱：lovelxia_2008@163.com
装帧设计：	刘　莎		
责任校对：	安海燕		
责任印制：	樊启鹏		

出版发行：中国铁道出版社有限公司（100054，北京市西城区右安门西街 8 号）
网　　址：http://www.tdpress.com
印　　刷：北京盛通印刷股份有限公司
版　　次：2024 年 7 月第 1 版　2024 年 7 月第 1 次印刷
开　　本：889 mm×1 194 mm　1/12　印张：24⅓　字数：496 千
书　　号：ISBN 978-7-113-31318-0
定　　价：498.00 元

版权所有　侵权必究

凡购买铁道版图书，如有印制质量问题，请与本社读者服务部联系调换。电话：（010）51873174
打击盗版举报电话：（010）63549461

《新时代中国铁路客站》编委会

主　任：王同军

副主任：汤晓光　马明正　吴克非　朱　旭

编　审：孙明智　陈东杰　张立新　韩志伟　陈奇会　姚　涵　王玉生　何晔庭　钱增志　严　峰　李宏伟
　　　　陶　然　傅海生　金旭炜　罗汉斌　刘亚刚　魏　崴

主编单位：中国国家铁路集团有限公司工程管理中心
　　　　　中国国家铁路集团有限公司工程设计鉴定中心
　　　　　中铁建工集团有限公司
　　　　　中铁建设集团有限公司

参编单位：中国铁路设计集团有限公司
　　　　　中铁第一勘察设计院集团有限公司
　　　　　中铁二院工程集团有限责任公司
　　　　　中铁第四勘察设计院集团有限公司
　　　　　中铁第五勘察设计院集团有限公司
　　　　　同济大学建筑设计研究院（集团）有限公司

编　委：梁生武　杜通道　郝　光　方　健　吉明军　方宏伟　刘　鹏　宋怀金　王科学　韩　锋　陈月平
　　　　毛晓兵　毛　竹　杨　涛　黄　波　王凯夫　贺　敏

编写组：周彦华　傅小斌　李铁东　李　颖　凡靠平　温　恺　王　硕　黄家华　段时雨　史宪晟　蒋东宇
　　　　郭瑞霞　蔡　珏　郑云杰　蔡　云　姜　锐　高俊华　殷　峻　苏　杭　丛义华　钟　京　孙亚伟
　　　　余　俊　张少森　薛宏斌　王　鑫　吉永丽

序

交通强国，铁路先行，从"四纵四横"全面建成，到"八纵八横"加密成形，在祖国广袤的大地上，一座座现代化铁路客站相继建成投入运营，为中华民族复兴伟业添砖加瓦、增光添彩。

高铁飞驰，站点密布。自国家发布《中长期铁路网规划》以来，我国高铁路网与站点建设实现飞跃发展。特别是党的十八大以来的十年间，建成了一大批地标性建筑，荣获建筑行业最高奖鲁班奖 24 项、国家优质工程奖 11 项，得到社会各界的广泛赞誉。

《新时代中国铁路客站》旨在全面展现新时代中国铁路客站的崭新面貌和辉煌成就。通过对具有代表性的 13 个特大型客站、19 个大型客站、71 个中型客站和 12 个小型车站的成果展示，读者可以领略到中国铁路客站在建设理念、规划设计、工程建造、运营管理等方面的创新与突破，感受智能化服务带来的美好出行体验，以及能源的高效利用、与环境的和谐共生等绿色发展理念。

新时代，新征程。《国家综合立体交通网规划纲要》指出，到本世纪中叶，全面建成现代化高质量国家综合立体交通网，拥有世界一流的交通基础设施体系，交通运输供需有效平衡、服务优质均等、安全有力保障。铁路客站建设必须坚持新发展理念，坚持目标导向和问题导向，紧紧依靠科技创新，培育和发展新质生产力，不断谱写中国铁路客站高质量发展新篇章。

中国工程院院士 卢春房

2024 年 6 月 19 日

前 言

"奋进新征程，建功新时代"。十年来，在以习近平同志为核心的党中央亲切关怀下，在铁路历届党组正确领导下，铁路客站建设者奋发有为、创新发展，建成了一大批优秀铁路客站，取得了举世瞩目的成就，为满足广大人民群众日益增长的美好出行需要奠定了坚实基础。

新时代十年，铁路客站坚持以人为本、人民至上，以不断满足广大旅客美好出行需要为目标，不断丰富和完善精品客站内涵。为适应新时期铁路客站建设需要，国铁集团党组提出"畅通融合、绿色温馨、经济艺术、智能便捷"的铁路客站建设理念，"精心、精细、精致、精品"和"重结构、轻装修、简装饰"的建设要求，为新时代铁路精品客站建设指明了方向。

新时代十年，全国建成客站1 508座。其中，高铁客站1 010座、普速客站498座，建成了一大批地标性建筑，得到社会各界的广泛认可。十年来，荣获建筑行业最高奖鲁班奖24项、国家优质工程奖11项。

为集中反映新时代铁路客站的建设成就，充分展示新时代铁路客站的代表性成果与建设者们的匠心独运，进一步推动站城融合高质量发展，不断提升广大人民群众的获得感、幸福感，国铁集团工管中心等单位策划著述了《新时代中国铁路客站》。

《新时代中国铁路客站》甄选近年来建成的客站佳作，全面介绍每座客站的设计理念、核心技术、形态特色与所获奖项，涵盖高架站、桥式站、线侧平、线侧下等多类站型，以图文并茂的形式全面展示新时代铁路客站建设成果与成功经验。全书收录115座铁路客站，按照规模共分四章，第五章主要介绍站台雨棚结构。

铁路客站智能建造、绿色发展时代已经到来。国家《关于推动智能建造与建筑工业化协同发展的指导意见》明确提出，要围绕建筑业高质量发展总体目标，以大力发展建筑工业化为载体，以数字化、智能化升级为动力，形成涵盖科研、设计、生产加工、施工装配、运营等全产业链融合一体的智能建造产业体系。国铁集团党组对贯彻落实"碳达峰、碳中和"战略提出明确要求，制定了路线图。对标促进区域协调发展、推进高水平对外开放等战略部署，推进把节约集约、绿色发展理念贯穿到铁路客站规划、设计、建设、运营全过程。

面向未来，希望广大铁路客站建设者，聚焦新发展理念，锚定目标任务，强化使命担当，勠力同心，真抓实干，为率先实现铁路现代化贡献更大力量！

著者

2024年5月10日

目 录

第1章 特大型铁路客站 /001

1.1	北京丰台站	002
1.2	北京朝阳站	006
1.3	郑州航空港站	011
1.4	雄安站	014
1.5	广州白云站	018
1.6	沈阳南站	023
1.7	重庆西站	027
1.8	昆明南站	031
1.9	柳州站	035
1.10	杭州西站	036
1.11	南昌东站	041
1.12	合肥南站	044
1.13	厦门北站	046

第2章 大型铁路客站 /051

2.1	杭州南站	052
2.2	滨海站	056
2.3	襄阳东站	060
2.4	西安站	064
2.5	哈尔滨站	068
2.6	贵安站	072
2.7	聊城西站	074
2.8	潍坊北站	076
2.9	庐山站	078
2.10	菏泽东站	081
2.11	常德站	082
2.12	青岛西站	085
2.13	呼和浩特东站	086
2.14	淮安东站	088
2.15	平潭站	090
2.16	赣州西站	094
2.17	福州南站	096
2.18	新塘站	100
2.19	芜湖站	102

第3章 中型铁路客站 /105

3.1	宜宾站	106
3.2	株洲站	109
3.3	江阴站	110
3.4	大同南站	112
3.5	安庆西站	114
3.6	南阳东站	117
3.7	黄山北站	118
3.8	江门站	121
3.9	莆田站	123
3.10	东莞南站	124

3.11	益阳南站	127
3.12	张家界西站	128
3.13	自贡站	130
— 3.14	嘉兴站	132
3.15	潮汕站	136
3.16	邵阳站	139
3.17	吉安西站	140
3.18	长白山站	143
— 3.19	南宁北站	144
3.20	惠州南站	147
3.21	泉州南站	149
3.22	宣城站	150
3.23	牡丹江站	153
— 3.24	濮阳东站	154
3.25	虎门站	157
3.26	长治东站	158
3.27	晋城东站	161
3.28	增城站	162
— 3.29	吉首东站	165
3.30	唐山西站	166
3.31	景德镇北站	169
3.32	金坛站	170
3.33	滑浚站	172
— 3.34	南通西站	174
3.35	东台站	177
3.36	格尔木站	179
3.37	邳州东站	181
3.38	林芝站	182
— 3.39	颍上北站	185
3.40	山南站	187
3.41	句容站	188
3.42	承德南站	190
3.43	淮南南站	193
— 3.44	庆阳站	194
3.45	凤凰古城站	197
3.46	禹州站	198
3.47	普洱站	201
3.48	黟县东站	202
— 3.49	随州南站	205
3.50	如皋南站	206
3.51	庐江西站	208
3.52	富阳站	211
3.53	舒城东站	212
— 3.54	太子城站	215
3.55	绩溪北站	216
3.56	武进站	219
3.57	遵义站	220
3.58	燕郊站	223
— 3.59	河池西站	224
3.60	乐平北站	227
3.61	长清站	228
3.62	磨憨站	230
3.63	西双版纳站	233
— 3.64	荔波站	235
3.65	永清东站	236
3.66	安吉站	239

3.67	太湖南站	240
3.68	宿松东站	243
3.69	香格里拉站	244
3.70	常熟站	246
3.71	云梦东站	247

第4章 小型铁路客站 /249

4.1	千岛湖站	250
4.2	都安站	251
4.3	环江站	252
4.4	桃源站	253
4.5	龙山北站	254
4.6	南乐站	255
4.7	浮梁东站	257
4.8	民丰站	258
4.9	阳高南站	259
4.10	东花园北站	261
4.11	资中西站	262
4.12	三星堆站	263

第5章 铁路站台雨棚 /265

5.1	混凝土结构雨棚	266
5.2	钢结构雨棚	271

索引 /275

第1章

特大型铁路客站

TEDAXING TIELU KEZHAN

本章收录了北京丰台站、广州白云站、杭州西站等13座建筑面积超过10万 m^2 的特大型铁路客站。

特大型铁路客站在空间布局、功能流线、文化表达、智能应用等方面不断创新发展,充分利用地下、地面及高架空间,构建立体化大型综合交通枢纽,加强站城功能衔接,促进站城交通融合、空间融合。

特大型铁路客站实现了从单纯城市门户到站城融合加速发展的转变,在顶层设计、规划引领、机制创新、科技赋能、一体建设等方面具有重要的标杆性意义,有力促进了城市经济社会高质量发展。

扫描二维码
了解本站更多知识

北京丰台站

1.1

北京丰台站位于北京市丰台区，是国内首座双层车场型式的特大型车站，工程总面积64万 m^2，站房建筑面积40万 m^2，站场规模17台32线，于2022年6月20日开通运营。

该客站工程造型以"筑台建城"为灵感，以三段式布局呼应中国传统建筑形式，建筑造型简约现代。室内装修装饰设计与北京地域文化相结合，充分体现"丰收、喜庆、辉煌"意向，使丰台站成为传统与现代相互融合的大型综合性交通建筑，展现"丰泽八方"的文化内涵。

该客站工程荣获第十五届中国钢结构金奖年度杰出工程大奖、中国建筑金属结构协会科学技术奖一等奖，被选为"2023年度中国建筑业协会行业年度十大技术创新"成果。

北京丰台站室内将钢结构、玻璃幕墙、陶土板、ETFE 膜等材料通过现代简约的处理手法，充分体现"工业风"的整体风格，同时以传统建筑的整体形态为指导，做到古韵新风、传统与现代相互交融。

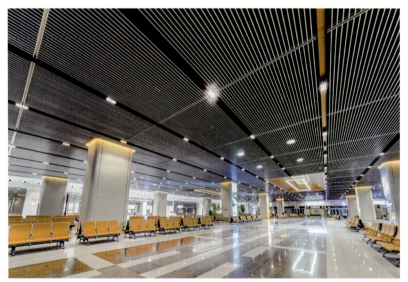

↑ 候车大厅

↑ 中央光庭

北京朝阳站

1.2

北京朝阳站位于北京市朝阳区，总建筑面积 24.5 万 m^2，站房建筑面积 18.3 万 m^2，站场规模 7 台 15 线，于 2021 年 1 月 22 日开通运营。

该客站建筑造型设计源于中国古建筑的庑殿顶为灵感，选取黄、灰色彩为主体色调，凸显出浓郁的传统文化意味。该客站以"北京古建筑之美"为设计理念，体现传统北京建筑文化与现代建筑工艺的结合，形象气魄雄浑、端庄现代。

该客站工程荣获 2021 年度北京市建筑长城杯金奖、2021 年度北京市结构长城杯金奖、2021 年度全国绿色建造施工水平"三星"评价、第十四届中国钢结构金奖、2022 年度中国建筑工程装饰奖、2022—2023 年度中国建设工程鲁班奖等奖项。

扫描二维码
了解本站更多知识

↑ 进站大厅

↑ 东立面彩釉玻璃

候车大厅通过V形柱支撑屋盖结构，简洁有力、阵列有序，吊顶装修曝露桁架主体结构，展现钢结构的理性之美。大厅照明创新采用集广播、监控等多种功能于一体的落地灯，营造更加温馨的候车氛围，更加绿色、节能，易于检修维护。

↑ 候车大厅

扫描二维码
了解本站更多知识

郑州航空港站

1.3

郑州航空港站位于河南省郑州市航空港区，是集高铁、城际、航空、地铁于一体的特大型综合交通枢纽。工程总建筑面积 48.3 万 m^2，站房建筑面积 15 万 m^2，站场规模 16 台 32 线，于 2022 年 6 月 20 日正式开通运营。

该客站外部造型从地域文化及历史文脉中提取元素，坚定文化自信。将提取自新郑出土的国宝级文物"莲鹤方壶"的优美曲线和富有吉祥寓意的"飞鹤"应用于整个站房设计，营造出"鹤舞九州"的站房形象。创新性预制装配清水混凝土联方网壳结构，体现建筑技术与艺术的完美结合。

该客站工程荣获中国建设工程鲁班奖、第十五届中国钢结构金奖、河南省优秀勘察设计一等奖、第十届上海市建筑学会创作奖优秀奖、河南省工程勘察设计行业奖一等奖、河南省建设工程"中州杯"（省优质工程）。

室内设计以"鹤舞九州、河达八方"为理念，利用现代科技参数化技术演绎中原文化传统，站房各室内空间建构逻辑统一，成为展示中原文化、创新民族传承的精神容器，彰显中华民族贯通包容的气度。取意"仙鹤之羽"的候车大厅，将鹤羽像素化处理为7 380块菱形吊顶单元体，通过参数化设计模拟单元体的端部翘起和折边高度变化，表现仙鹤羽毛的肌理和层次感，让来往旅客切身感受中原文化。

↑ 候车大厅

↑ 换乘大厅

扫描二维码
了解本站更多知识

雄安站
1.4

雄安站位于河北省雄安新区，工程总面积 47.52 万 m^2，站房建筑面积 15 万 m^2，站场规模 13 台 23 线，于 2020 年 12 月 27 日开通运营。

该客站以"青莲滴露，润泽雄安"为设计主题，融入"古淀鼎新，澄碧凝珠"文化理念，站房外观呈水滴状椭圆造型，恰似一滴青莲上的露珠。立面形态舒展，又似传统中式大殿，展现中华传统文化基因。

该客站工程荣获北京市优秀工程勘察设计一等奖、河北省优秀工程勘察设计一等奖、国家铁路局优秀勘察设计二等奖、河北省安济杯、第十四届中国钢结构金奖年度杰出工程大奖、2022—2023 年度国家优质工程金奖、2022—2023 年度中国建设工程鲁班奖。

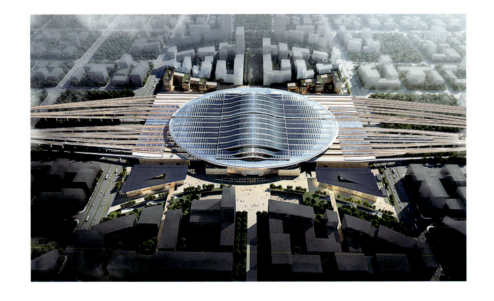

候车大厅清水混凝土梁柱曲线形态结构合理受力曲线拟合而成，形成三维曲面，充分展现结构的理性与力量之美。铁路车场之间设置光廊，阳光透过层层结构直达室内地面，为旅客营造了丰富多彩、明亮通透、温馨怡人的室内候车环境。

↑ 光廊

↑ 站台层

扫描二维码
了解本站更多知识

广州白云站
1.5

广州白云站位于广东省广州市白云区,是广州铁路枢纽"五主四辅"主要客站之一,是新时代"站城融合"的典范。工程总面积45万 m^2,站房建筑面积14.5万 m^2,站场规模11台24线,于2023年12月26日开通运营。

第 1 章　特大型铁路客站

该客站以"云山珠水,盛世花开"为设计理念,融入独具特色的岭南文化元素,将山水花木意象、古都新城底蕴渗透到建筑工艺细节中。充分结合当地气候特征,将建筑造型与生态要素紧密结合,综合运用自然通风采光、光导技术、生态植被屋面、能源智能管控等技术,示范引领绿色低碳交通建筑新发展。

进站厅

候车大厅

沈阳南站

1.6

沈阳南站位于辽宁省沈阳市浑南区，工程总面积 22 万 m^2，站房建筑面积 10 万 m^2，站场规模 12 台 26 线，于 2015 年 9 月 30 日开通运营。

该客站设计灵感源于"沈阳浑河"，以"风生水起"为设计理念，东、西立面飘带、水波纹造型以及南北立面弧形雨棚处处体现"水波荡漾，飘逸灵动"的设计主题，使沈阳南站成为与浑南新区自然环境相互融合的大型综合性交通建筑，传达出"水润万物而无声"的文化理念。

该客站工程荣获国家铁路局优秀设计一等奖、工程建设 BIM 应用大赛一等奖、第十二届中国钢结构金奖、2016—2017 年度中国建设工程鲁班奖，被评为绿色施工科技示范工程。

候车厅顺应建筑整体结构进行划分和布局，拱顶中央部分中央区域为透明玻璃覆盖，可以将自然光和室外景象引入室内，为大厅带来舒适体验，两侧以灰白色铝板为主，整体营造出浑河的意向。

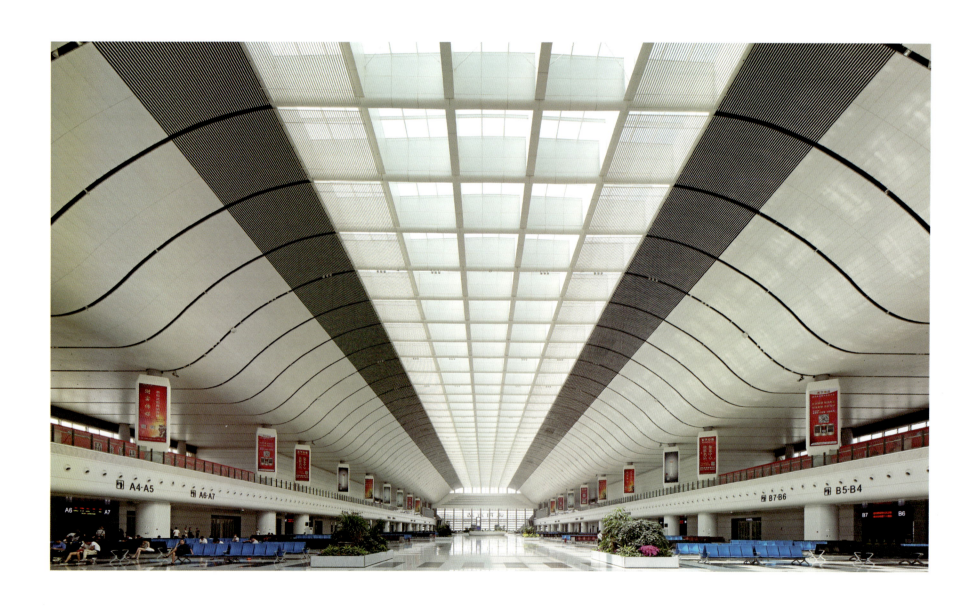

⊕ 棚与幕墙

⊕ 地下出站通道

扫描二维码
了解本站更多知识

重庆西站
1.7

重庆西站位于重庆市沙坪坝区，是我国西部地区的重要枢纽站之一。工程总面积20万 m^2，站房建筑面积12万 m^2，站场规模15台31线，于2018年1月25日开通运营。

该客站造型内柔外刚，通透的玻璃幕墙与上部半透明的阳光板幕墙交相辉映，隐喻两江文化的碰撞，力与美的技艺交织，彰显重庆从往昔的山城文化走向国际化都市的时代特征。正立面"重庆之眼"，寓意透过站房看重庆、通过重庆看西南、立足西南看世界。

该客站工程荣获重庆市交通科学技术一等奖、上海市优秀工程勘察设计奖、中国优秀勘察设计行业奖（公共）建筑一等奖、中国钢结构金奖、2018—2019年度国家优质工程金奖、2018—2019年度中国建设工程鲁班奖、第十七届中国土木工程詹天佑奖。

室内空间营造，充分考虑乘客感受，处处体现人性化的设计理念，通过合理的照明及简约色彩设计，塑造温馨舒适的候车环境。建构一体，延续外部造型的文化理念，细部设计融入重庆山城文化元素，增强空间层次感和旅客的视觉体验。

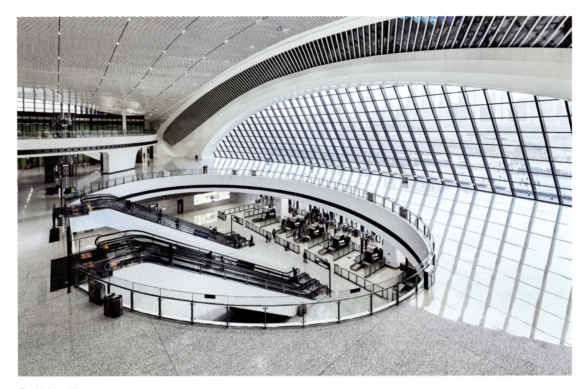

↑ 候车大厅

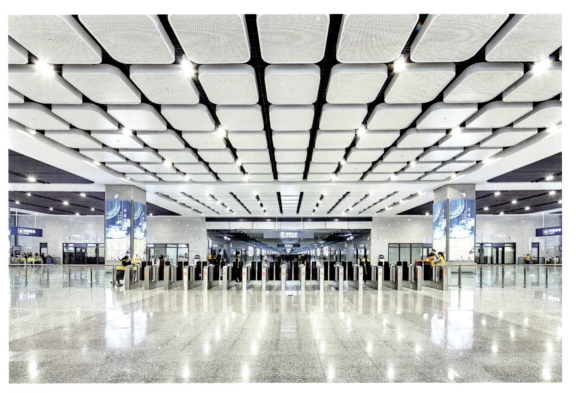

↑ 出站

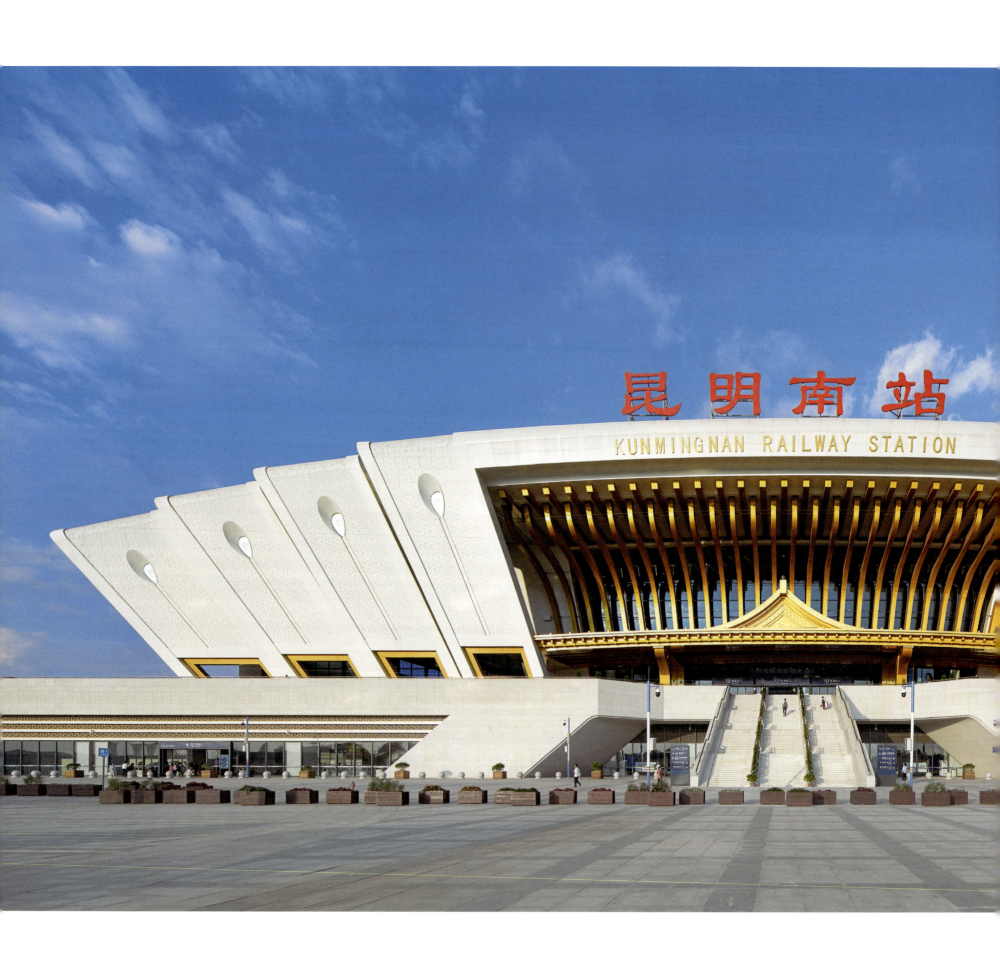

扫描二维码
了解本站更多知识

昆明南站
1.8

昆明南站坐落于昆明市呈贡区，工程总建筑面积33.47万 m^2，站房建筑面积12万 m^2，站场规模设16台30线，于2016年12月28日开通运营。

该客站以"雀舞春城、美丽绽放"为设计理念，建筑造型汇聚云南元素之精华，抽衍动植物王国之形神，简约灵动、气势恢宏，彰显七彩云南民族交融、开放进取的精神。

该客站工程荣获2018年度铁路优质工程奖一等奖、第十三届中国钢结构金奖、2018年度中国建筑工程装饰奖、第十八届中国土木工程詹天佑奖、2020—2021年度国家优质工程金奖、2017—2018年度中国建设工程鲁班奖。

该客站建筑造型提取孔雀形象、坡顶木构、纹饰等典型民族元素，运用于站房立面造型和内外空间，用多种细部装饰和构件等建筑语言表达出云南昆明"民族交融，国际交流""西南枢纽、南亚之门"城市特点。

↑ 夜景图

↑ 候车大厅

柳州站

1.9

　　柳州站位于广西壮族自治区柳州市柳南区,扩建后站房建筑面积13.8万 m^2,站场规模6台16线,于2019年9月30日开通运营。

　　该客站设计根据"山水城市中工业最强,工业城市中山水最美"的城市特点,以及"山水龙城工业兴,八方通达尽开怀"的构思取意,采用浑然大气的八角形坡屋面组合,屋脊八方汇聚,顶部高高隆起,突显轮廓线条,展现奇峰拔地而起的气魄。四根立柱雄壮巍峨,工业特征明显,将屋顶重量清晰地传递到地面,体现结构的真实,立柱展开的巨型门框迎向南来北往的八方宾客,展现开放大气的城市风貌。高架平台基座起伏转折,好比秀丽迂曲的柳江壮阔美丽。细部处理上采用生态实用的高科技构件,形成流畅、现代的建筑外观,展现"速度科技""流动线性"的建筑美感。整体造型轮廓清晰,立面虚实对比,充分体现了柳州工业兴旺、山环水绕、八方通达的城市特征。

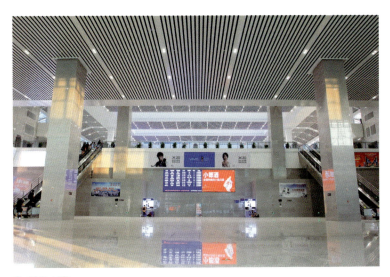

↑ 候车大厅

扫描二维码
了解本站更多知识

杭州西站
1.10

杭州西站位于浙江省杭州市余杭区，是长三角地区特大型综合交通枢纽，是服务杭州亚运盛会的重要交通配套工程。工程总面积 51 万 m^2，站房建筑面积 10 万 m^2，站场规模 11 台 20 线，于 2022 年 9 月 22 日开通运营。

该客站以"云之城"为设计理念，构建"云端站房""云谷"，解决站与城复杂的交通组织，"云厅"提供绿色温馨候车环境，"云门"将站与城的功能有机融合。客站与余杭塘河、寡山、吴山形成"呼应山水，沟通南北"的自然生态格局。

该客站工程是住建部绿色施工科技示范工程，荣获北京市优质安装工程奖、中国国家绿色建筑三星级认证、第十五届中国钢结构金奖、2023 年度菲迪克优秀工程项目奖。

第 1 章 特大型铁路客站

杭州西站站房室内空间体现了江南文化的精细坚韧和柔美飘逸，体现了云经济的简约感、科技感和未来感，是传统与现代的碰撞与交融。

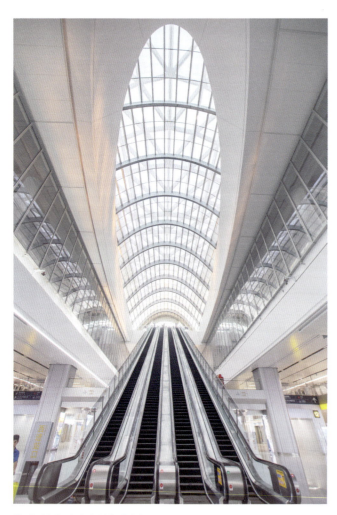

↑ "云谷"中央交通换乘空间

↑ "云谷"端部

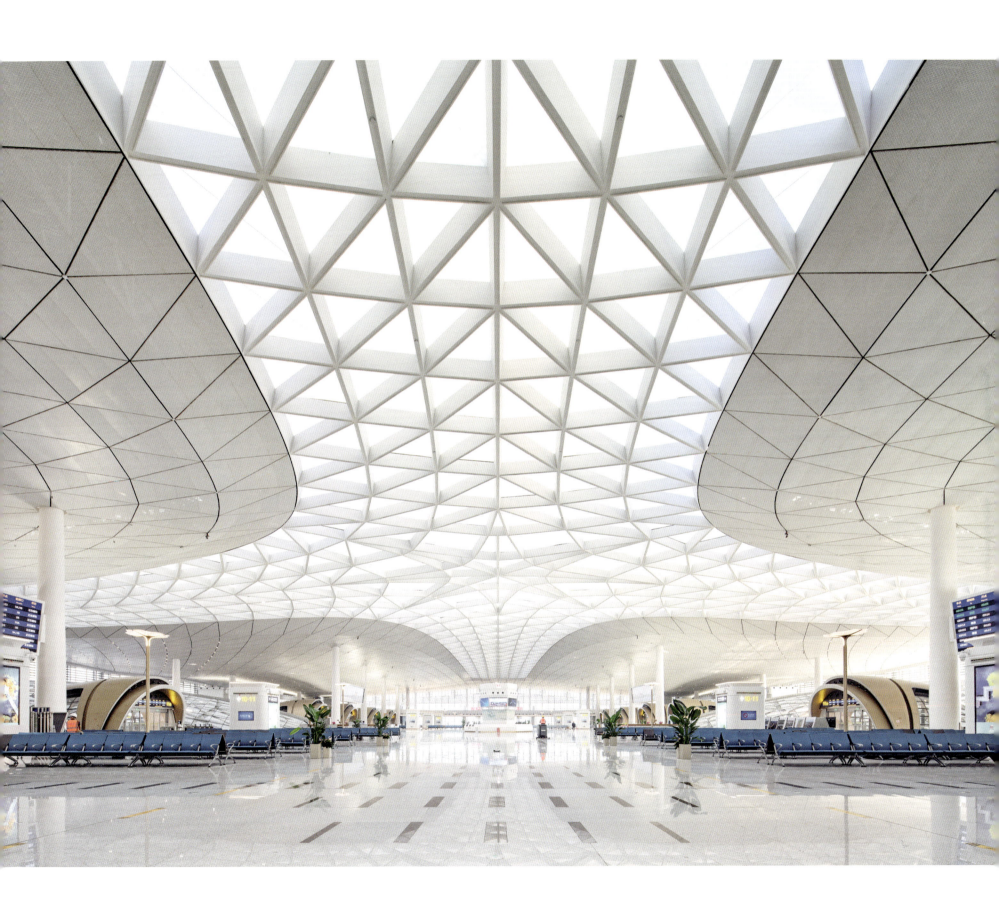

第1章 特大型铁路客站

扫描二维码
了解本站更多知识

南昌东站
1.11

　　南昌东站位于江西省南昌市青山湖区，是长江经济带上重要的交通枢纽。工程总面积 22 万 m²，站房建筑面积 10 万 m²，站场规模 8 台 16 线，于 2023 年 12 月 27 日开通运营。

　　该客站以"霞鹜齐飞，瑞祥绽放"为设计理念，主体形象取意于翱翔展翅的"霞鹜"，动感的羽翼造型，象征城市的腾飞与发展。连续的"三联拱"，构成"山水城站"的城市空间结构，勾勒出波澜起伏、浪花层叠、飞跨赣江的桥梁等画面，与南昌"襟三江而带五湖"的城市特征相契合。

　　该客站在中国铁路站房项目中首次运用钢结构 6S 智能建造技术，实现了大跨度三联拱屋面钢结构整体同步滑移。

该客站工程不断深入解读、挖掘南昌城市底蕴，逐步融合南昌"红绿古今"多元多彩城市文化，将文化意向与设计理念进一步提炼融合，将南昌东站"霞鹜迎芳"的建筑意象融入装饰设计。通过顶部格栅装饰对拱顶轻量化处理，拱底渐变穿孔铝板装饰提升空间舒展效果，营造轻盈连贯三联拱形态。统一空间建筑语言，突出进站门斗、小拱券曲线轮廓。

↑ 候车大厅

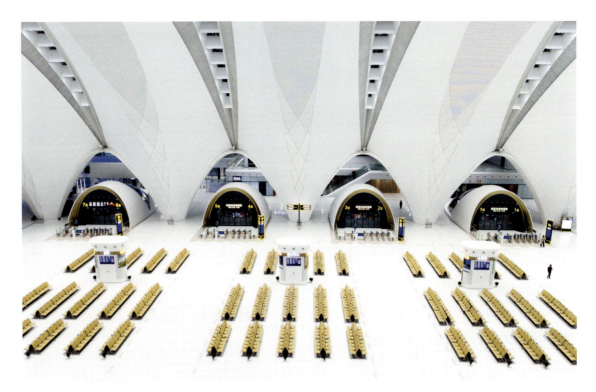

↑ 候车大厅

↑ 候车大厅

合肥南站
1.12

↑ 候车大厅

合肥南站位于合肥市包河区，工程总建筑面积 49 万 m²，站房总建筑面积 10 万 m²，站场规模 22 台 26 线，于 2015 年 6 月 28 日开通运营。

该客站设计风格上融入皖南建筑"四水归堂，五岳朝天"的寓意，将现代化的车站与传统文化融合在一起，诠释了厚重悠久的徽文化，展示了安徽中部崛起的蓬勃活力。"四水归堂"象征着客站迎接四方旅客汇聚；"五岳朝天"体现在建筑屋顶和整体造型上。

该客站工程是 2017 年度住建部建筑工程科技示范工程、荣获 2015—2016 年度中国安装工程优质奖（中国安装之星）、第十一届中国钢结构金奖、2015—2016 年度中国建筑工程装饰奖、2016—2017 年度中国建设工程鲁班奖等奖项。

厦门北站
1.13

厦门北站位于福建省厦门市集美区，站房总建筑面积 21 万 m^2，站场规模 7 台 15 线，于 2023 年 9 月 28 日开通运营。

该客站以"广厦之门，丝路远航"为设计理念，四个起伏的传统屋面形象与老站相呼应，构成厦门北站的主要造型轮廓。通过燕尾脊、柱廊、色彩等闽南传统建筑符号的提炼和运用，体现传统与现代风格的统一。

该客站工程荣获第十六届中国钢结构金奖、第十三届中国土木工程詹天佑奖。

扫描二维码
了解本站更多知识

室内设计以海丝文化为主题，构建出进站、候车、出站、换乘中心、城市通廊等特色空间，呼应厦门开放、包容、国际化的城市特征，成为厦门市新的城市名片。

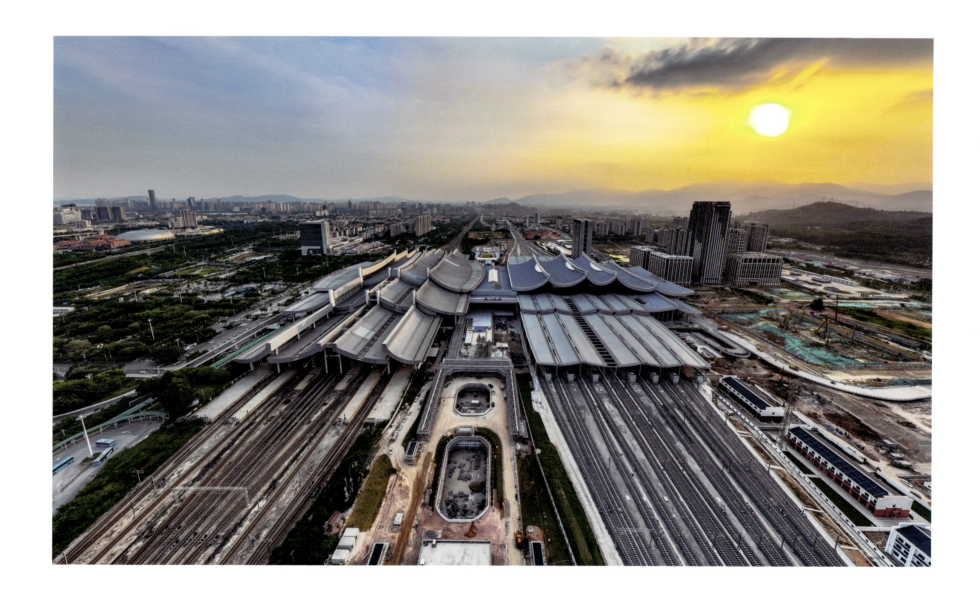

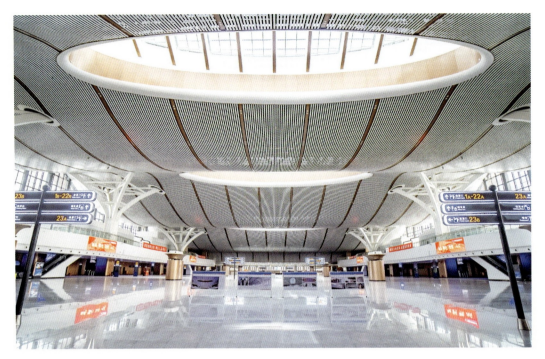

↑ 候车大厅

↑ 进站厅

第 2 章

 大型铁路客站

DAXING TIELU KEZHAN

本章收录了杭州南站、襄阳东站、西安站等建筑面积 5 万~10 万 m² 的 19 座大型铁路客站。

大型铁路客站是各地区对外形象的重要"窗口",集铁路、长途汽车、地铁、公交、出租车、社会车辆等多种交通方式于一体。通过精心组织、精细设计、精致施工,为广大旅客提供了安全便捷、温馨舒适的候车体验。

大型车站在铁路网中发挥着关键节点作用,以强大的交通辐射能力,带动了周边地区的经济繁荣,成为城市标志性建筑。

杭州南站
2.1

　　杭州南站位于浙江省杭州市萧山区，工程总面积 8 万 m^2，站房建筑面积 4.7 万 m^2，站场规模 7 台 21 线，于 2020 年 7 月 1 日开通运营。

　　该客站以"锦绣水乡之门"为设计理念，体现当地地域文化精神，凸显杭州面向未来之门、面向南部之门的定位。正立面镂空百叶通过不同孔径圆孔组合，形成具有杭州特色的山水风景画；外幕墙创新采用竹节状石材幕墙体现江南山石、竹林等自然元素；候车大厅管帘吊顶与裸露的钢结构有机结合，展现了结构之美。

　　该客站工程荣获天津市"海河杯"优秀勘察设计一等奖、建筑行业优秀勘察设计奖二等奖、2021—2022 年度国家优质工程奖。

室内设计体现结构与装饰一体的理念，结构构件在满足受力合理的同时更要达到美学要求。十字钢柱精细修长，室内百叶吊顶之后隐约可见钢结构桁架，使候车厅屋面轻盈通透。一体化屋面将站房与雨棚连成整体，横跨 21 个站台，既具有柱雨棚安全经济的优点，又为站台带来变化多姿的光影效果，为旅客创造独特的进站空间感受。

↑ 候车大厅

↑ 站台

↑ 灰空间

滨海站

2.2

　　滨海站位于天津市滨海新区，站房建筑面积 8.6 万 m²，站场规模 3 台 6 线，于 2015 年 9 月 20 日开通运营。

　　该客站设计融入了渤海湾及天津海河的自然环境，大跨单层网壳钢结构穹顶由 72 根正、反螺旋钢箱梁编织而成，采用轻质透明 ETFE 膜材气枕 + 镀膜遮阳玻璃 + 金属组合幕墙系统，质感轻盈，宛如海中贝壳。

　　该客站工程荣获 2014 年中国钢结构金奖、中国铁道学会铁道科技一等奖、2018—2019 年度中国建设工程鲁班奖、第十七届中国土木工程詹天佑奖。

扫描二维码
了解本站更多知识

↑ 候车大厅

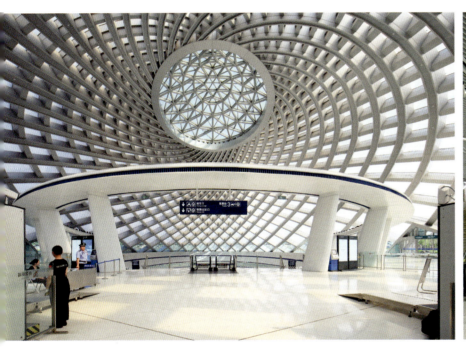
↑ 进站大厅

↑ 室内玻璃幕墙

襄阳东站

2.3

襄阳东站位于湖北省襄阳市东津新区，是国家"八纵八横"高速铁路网的重要枢纽节点，工程总面积 21.5 万 m^2，站房建筑面积 8 万 m^2，站场规模 9 台 20 线，于 2019 年 10 月 30 日开通运营。

该客站以襄阳"一江两岸，汉水之城"为设计理念，站房中部采光顶倾泻而下，与主入口雨棚互为延伸，一气呵成，与两侧弧形幕墙自然交汇出中国传统大屋顶轮廓，演绎了现代时尚的"襄阳之门"。

该客站工程荣获湖北省楚天杯、湖北省建筑工程设计一等成果、第十五届中国钢结构金奖、2022—2023 年度国家优质工程奖。

该客站站房室内装修呼应"汉水之城"设计创意,吊顶通过材料变换、灯光布局营造出汉水流动意向,营造时尚、动感的大厅空间。

西安站

2.4

西安站位于陕西省西安市新城区，总建筑面积21万 m^2，新建站房建筑面积5万 m^2，站场规模9台18线，于2021年12月31日开通运营。

该客站以"主从有序、相似而立、承古开今"为设计理念，通过群体规划布局及建筑同构异形设计实现与周边历史文化背景相融合。新建北站房、配建东配楼将与大明宫丹凤门形成品字形关系，实现北广场与丹凤门浑然一体，彰显大气稳定的整体格局，与大明宫遗址共融共存、相得益彰。

该客站工程荣获陕西省优秀工程设计一等奖、2019年度菲迪克优秀工程项目奖、第十五届中国钢结构金奖、2022—2023年度国家优质工程奖。

扫描二维码
了解本站更多知识

该客站站房室内空间以"大唐盛世，古韵长安"为设计构思立意，运用中国传统建筑木构元素及色彩，塑造集聚传统韵味的室内空间。

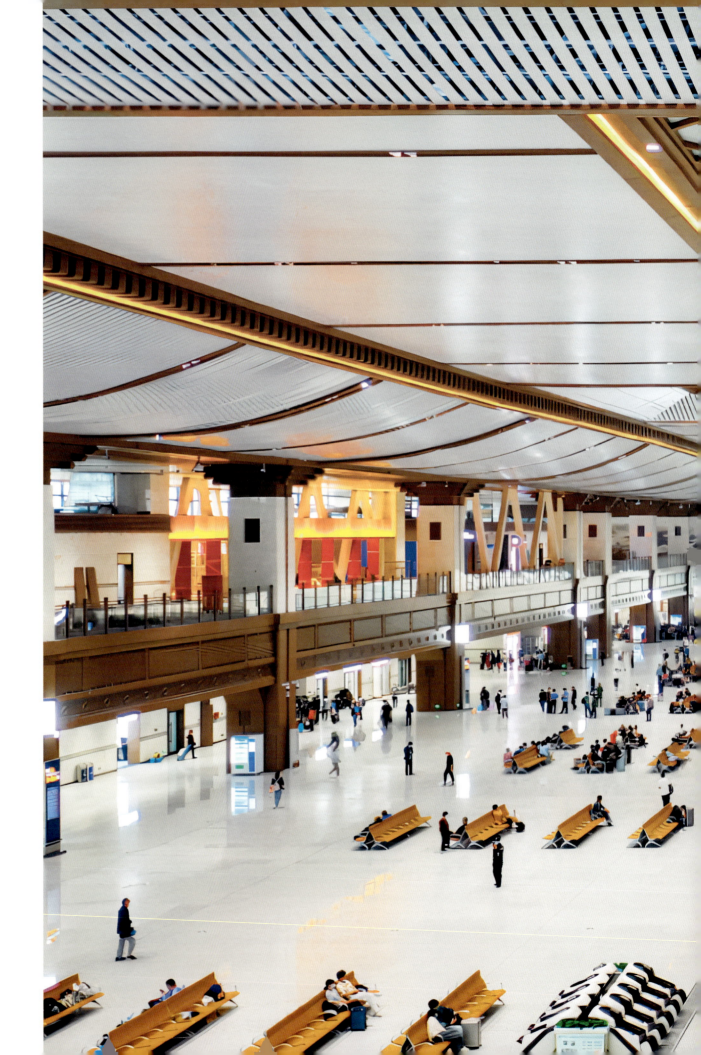

哈尔滨站
2.5

　　哈尔滨站位于黑龙江省哈尔滨市南岗区，工程总面积 16.5 万 m^2，站房建筑面积 8.9 万 m^2，站场规模 8 台 16 线，于 2018 年 12 月 25 日开通运营。

　　该客站设计采用"新艺术运动"欧式建筑风格，还原百年哈尔滨站的历史风貌，延续哈尔滨市独具特色的城市文脉，与霁虹桥、圣伊维尔教堂等欧式文物在时间、空间上形成对话，和谐共生。

　　该客站工程荣获天津市海河杯（公建类）优秀勘察设计二等奖、国家铁路局优秀勘察设计二等奖、第十三届中国钢结构金奖、2018—2019 年度中国建设工程鲁班奖。

扫描二维码
了解本站更多知识

该客站延续哈尔滨市独具特色的城市文脉，复刻大量历史元素，唤起人们对老哈尔滨站悠久历史的回忆，并运用欧洲"新艺术运动"的设计手法，展现出老哈尔滨站新时期下新的面貌，赋予其新的生命。

↑ 候车大厅

↑ 北站房圆弧拱

↑ 站台雨棚

贵安站
2.6

贵安站位于贵州省贵安新区湖潮乡，站房建筑面积 6.1 万 m^2，站场规模 4 台 8 线，于 2022 年 3 月 30 日开通运营。

该客站以"巍巍黔阙显神韵，碧瓦朱檐挂虹霓"为设计理念，提取贵州传统民居建筑元素，通过斗拱造型、装饰窗花、墙面浮雕、仿瓦"蘑菇帽"等彰显地方特色。

该客站工程是国家级绿色施工科技示范工程，荣获贵州省黄果树杯、2022—2023 年度国家优质工程奖。

聊城西站

2.7

聊城西站位于山东省聊城市东昌府区，站房建筑面积 5.0 万 m²，站场规模为 6 台 15 线，于 2023 年 12 月 8 日开通运营。

该客站以"凤城古都，古韵腾飞"为设计理念，运用现代建筑设计手法展现古城风韵。室内八角柱向上延伸生长，寓意凤凰展翅飞翔。

该客站工程获山东省工程质量管理标准化示范工程（优质结构工程）称号。

潍坊北站
2.8

潍坊北站位于潍坊市寒亭区，站房建筑面积 6 万 m²，站场规模 7 台 20 线，2018 年 12 月 26 日开通运营。

该客站造型从传统盘鹰风筝汲取灵感。主立面以简洁有力的折线勾勒出雄鹰展翅欲飞的动势；支撑大屋面的结构构建稳定而纤细，寓意风筝的丝线；屋顶边缘钢构架和采光屋面相结合的设计象征着风筝的骨架和鹰翼的薄羽。该客站以磅礴的造型语言表现了潍坊如雄鹰般展翅翱翔的稳健和高度，以精致的建筑细部处理表现了潍坊自古作为手工业城市的工匠气质和对技艺的坚守、传承。

该客站工程被评为全国建筑业绿色建造暨绿色施工示范工程，荣获山东省优质安装工程鲁安杯奖、中国施工企协科技进步奖二等奖、第十三届中国钢结构金奖、2020—2021 年度中国建设工程鲁班奖。

↑ 候车大厅

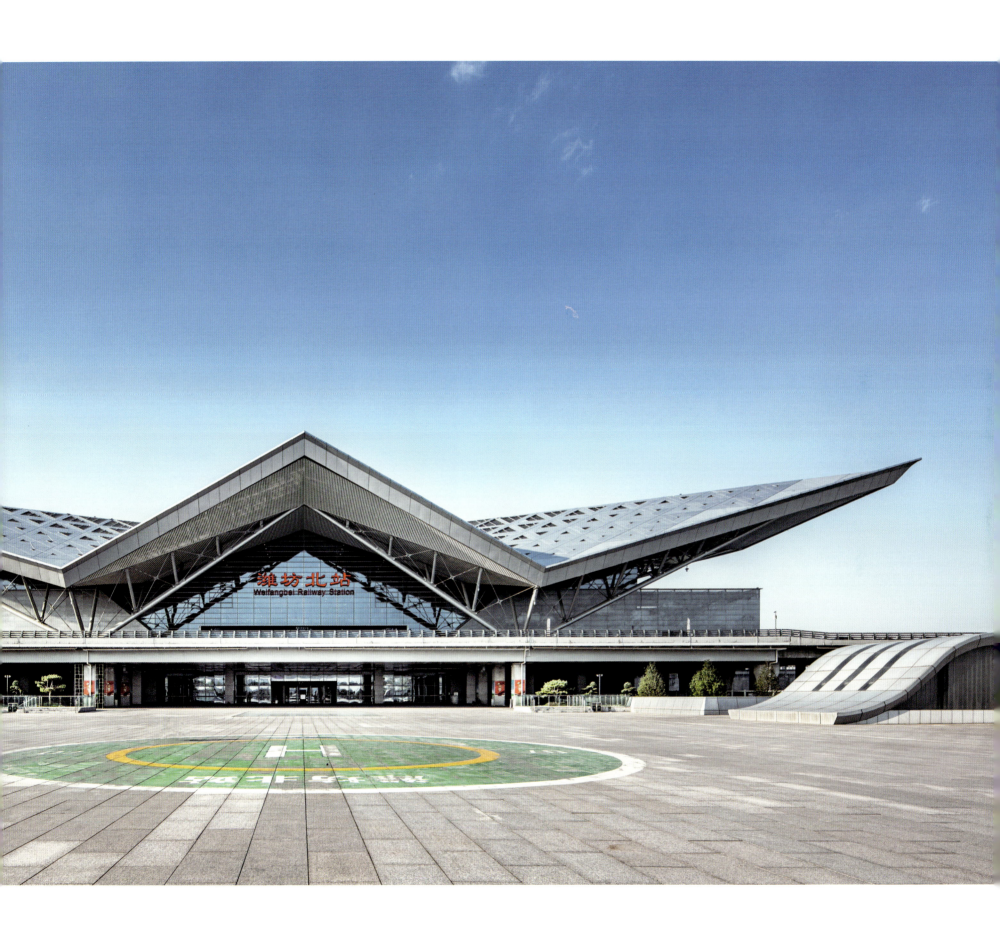

庐山站

2.9

⬆ 候车大厅

庐山站位于的江西省九江市，站房建筑面积 6 万 m^2，站场规模 8 台 25 线，其中一期工程于 2022 年 4 月 28 日开通运营。

该客站紧邻素有"匡庐奇秀甲天下"之美誉的庐山，以"雄秀庐山"为原型，"山影水语，飞流直下三千尺"为设计理念，充分融入庐山文化艺术特色。正立面大雨棚抽象勾勒出"横看成岭侧成峰"的山之意境，主峰双曲面造型最大悬挑部位 9.2 m，整个结构由上至下、由曲到直、由外到里呈现不规则曲面连接，巧妙运用"分体吊装，整体串联"的施工工艺，将 1 824 块尺寸不一、曲率不同的铝板完美拼接。吊顶的曲线结合庐山独有的云海奇观，与代表九江"九水"的 9 个天窗相映相称，整体造型气势恢弘，端庄灵动，简洁干练，轻盈舒展。

菏泽东站

2.10

菏泽东站坐落于山东省菏泽市，工程总建筑面积 21.3 万 m^2，站房建筑面积 6 万 m^2，站场规模 6 台 15 线，于 2021 年 12 月 26 日开通运营。

该客站以"牡丹之都，生命之泽"为设计理念，以"四泽十水流，盛世牡丹开，迎八方来客"为立意，采用伞状钢结构落客雨棚、一体化屋面掀起高窗、工字收腰内凹立面，体现当地地域文化特色；站房顶部带型天窗采用层层掀起的造型，通过流线造型展现"水"的历史文脉。

该客站工程荣获第十五届中国钢结构金奖。

↑ 侧式站房

常德站

2.11

候车大厅

常德站坐落于湖南省常德市武陵区，站房建筑面积 6 万 m^2，站场规模 9 台 20 线。常德站分两期建设，分别于 2022 年 12 月 26 日和 2024 年 1 月 26 日开通运营。

该客站以"桃花盛开，武陵腾飞"为设计理念，提取桃花源桃花及飞鸟腾飞的形态意向，象征武陵的盛放与腾飞，寓意高铁将为常德带来新的机遇和发展。立面造型由进站空间及屋面五条曲线展开，犹如一朵绽放的桃花，站房内吊顶采用浅粉色铝方通穿插出单片花瓣的形状，从入口处天窗延伸至候车厅中央天窗，打造"落英缤纷"的美景。

扫描二维码
了解本站更多知识

青岛西站

2.12

　　青岛西站位于青岛市西海岸国家级新区，站房建筑面积6万 m²，站场规模6台14线，于2018年12月26日开通运营。

　　该客站以大海中涌动的海浪为设计理念，造型好似层层泛起的浪花，用灵动的建筑曲线来表达青岛这座海洋城市的独特之美。在建筑手法上采用虚实对比的形式，交叠扭动的立面格珊线条丰富了大体量建筑的细节，既体现出青岛这座城市的特色文化，又展现了西海岸国家级新区继往开来的勃勃生机。

　　该客站工程荣获2019年度山东省建筑工程"泰山杯"、2020年度"海河杯"天津市优秀设计一等奖、第十九届中国土木工程詹天佑奖。

⇧ 候车大厅

呼和浩特东站
2.13

↑ 候车大厅

呼和浩特东站位于呼和浩特市主城区，工程总建筑面积 10.0 万 m^2，新建站房建筑面积 4.3 万 m^2，站场规模 9 台 20 线，于 2011 年 2 月 28 日投入使用。

该客站以"草原穹庐，展翅雄鹰"为设计理念，充分体现了内蒙古悠久的历史、丰富的文化和独特的自然景观特色。车站整体造型中部隆起，两翼舒阔，恰似翱翔的雄鹰，简洁明快，流畅舒展，展现出蒙古族文化中象征勇敢、自由和强健的美好寓意。

淮安东站
2.14

⊕ 候车厅

　　淮安东站位于江苏省淮安市淮安区,站房建筑面积6万 m^2,站场规模4台10线,于2019年12月开通运营。

　　该客站建筑造型为巨大的羽翼,取义"大鸾翔宇",喻指淮安大鸾展翅,经济腾飞。三重羽翼的设计,隐喻富强、民主、文明的城市精神建设目标。站房立面格局为两侧适当装饰、中央简洁通透,象征开放包容的城市精神。站房下部平台采用简洁有力的混泥土造型,稳重端庄。建筑形体气势磅礴,充满张力,似鸾鸟振翅高飞,象征淮安崛起的美好愿望。

扫描二维码
了解本站更多知识

平潭站

2.15

平潭站位于平潭岛钟楼村，是展示平潭综合实验区对外形象的重要"窗口"。站房建筑面积5.4万 m²，站场规模2台5线，于2020年12月26日开通运营。

该客站立意"结合国际旅游岛景区建设，打造站区新世纪石头村落"，建筑采用厚重的建筑体量及"石头厝"的地域民居元素，塑造"海边的石头房子"形象。站房造型汲取当地建筑"碉堡"般坚实的外形，建筑正立面设有四座塔楼，以中部高耸的两处四坡顶塔楼尤为突出，仿佛海岛上的灯塔，寓意引导思乡的游子归航。

该客站工程被评为住建部绿色施工科技示范工程，荣获北京市优质安装工程奖、2022—2023年度中国建设工程鲁班奖、IAI全球设计奖铜奖。

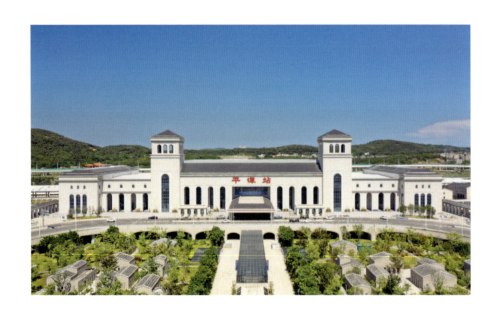

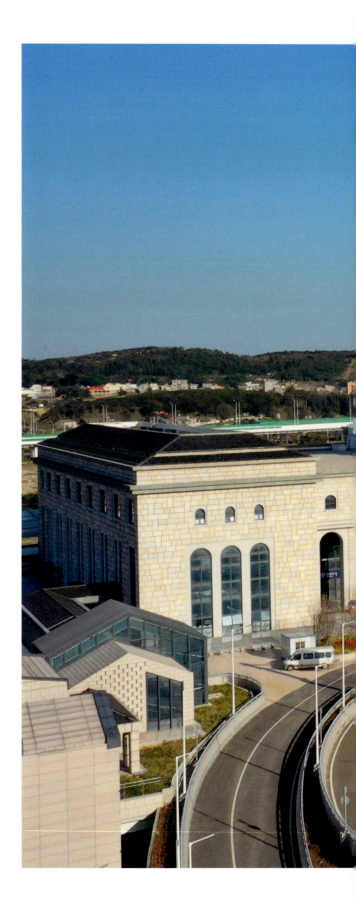

平潭站将本土的石厝屋顶元素延伸到室内装饰空间，将平潭岛的建筑文化符号与海洋文化元素有机融合。

↑ 候车大厅

↑ 出站大厅

赣州西站

2.16

赣州西站位于江西省赣州市经开区，工程总面积 9 万 m^2，站房建筑面积 5 万 m^2，站场规模 4 台 8 线，于 2019 年 12 月 26 日开通运营。

该客站以"赣州之翼，展翅腾飞"为设计理念，用灵动柔美的曲线勾勒出现代交通建筑的特质。站房屋顶中部高起，平滑延展至两翼，打造出自由舒缓的优美姿态，立面以韵律化的横向线条为主题元素，配合细部现代化倒角圆润设计，远观犹如奔驰在铁轨上的高速跑车，不仅生动体现了工业化经济时代的发展特色，也承载着对赣州经济展翼腾飞、高铁新城崛起的美好寄托。

该客站工程被评为住房城乡建设部绿色施工科技示范工程，荣获湖北省建筑工程设计一等奖、江西省"杜鹃花杯"、第十四届中国钢结构金奖、2020—2021 年度中国建设工程鲁班奖。

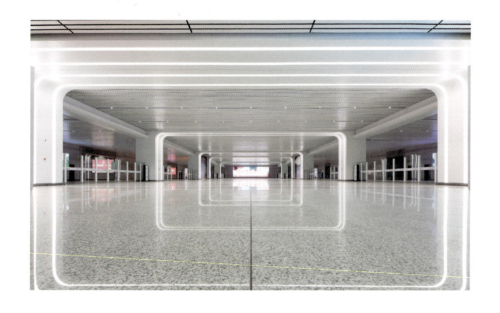

扫描二维码
了解本站更多知识

福州南站

2.17

福州南站位于福州市仓山区,原站始建于2008年。扩建工程面积40万 m^2,站房建筑面积5万 m^2,站场规模8台16线,于2023年9月28日开通运营。

该客站以"榕荫聚福,丝路方舟"为设计理念,延续既有车站空间布局和城市印象,新老站房形成"三站夹两场"的格局。建筑风格上传承既有站房的经典比例和稳重大气的风格,融入时代元素,实现"中而新"的时代性表达;室内融入海丝文化和榕树特征,营造"榕荫"意象,充分彰显福州地域特色。

该客站承轨层采用桥建合一的结构形式，针对桥下候车空间振动噪声频率、传播途径、桥下光学环境，采用多重吸声降噪措施及漫反射照明技术，为旅客营造更加温馨舒适的候车环境。

↑ 候车大厅

↑ 榕树柱

新塘站

2.18

　　新塘站位于广州市增城区，工程总建筑面积18.3万 m^2，站房建筑面积5万 m^2，站场规模7台17线，于2023年9月26日开通运营。

　　该客站以"白仙飞瀑，挂绿荔枝"为设计理念，以"瀑布"为意向，整体形态通过两侧扭曲金属屋面弯曲蜿蜒，从高空俯视好似民俗活动的赛龙舟，顶如风，尾如浪，寓意"百舸争流"。室内设计元素从荔枝表皮纹理提取创意元素，展现出"四望岗上摘挂绿，白水仙境迎客来"的意境，突显地域特征。

扫描二维码
了解本站更多知识

① 西进站广场

芜湖站
2.19

↑ 候车大厅

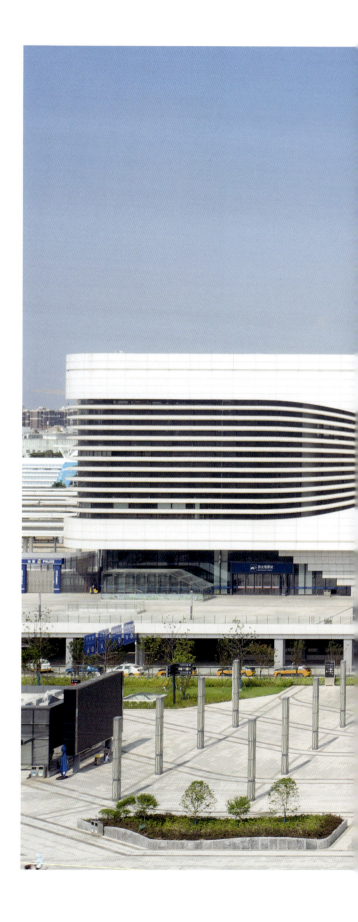

芜湖站位于安徽省芜湖市镜湖区，工程总面积9万 m²，站房建筑面积5.6万 m²，站场规模8台20线，于2020年6月28日开通运营。

该客站建筑造型取长江、青弋江两江交汇，孕育"皖江明珠"之寓意。立面横向渐变线条寓意两江汇融，江水流淌形成的江面曲线体现出芜湖的俊秀和柔美，形成具有徽州意向的画框，隐喻皖中的兴起。

该客站工程被评为全国建筑业绿色建造暨绿色施工示范工程，荣获全国优秀焊接工程一等奖、2020—2021年度中国建设工程鲁班奖（国家优质工程奖）。

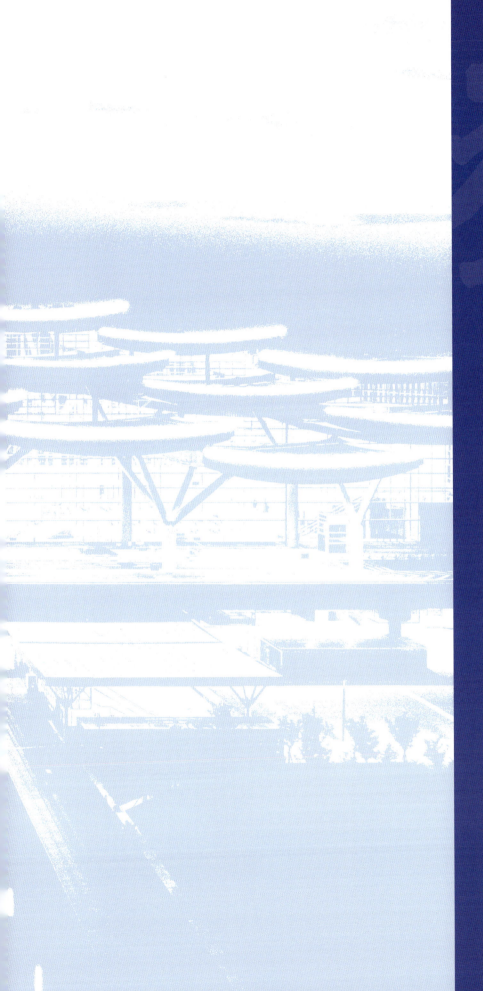

第 3 章

 中型铁路客站

ZHONGXING TIELU KEZHAN

　　本章收录了嘉兴站、大同南站、吉安西站、香格里拉站等建筑面积 1 万 ~5 万 m^2 的 71 座中型铁路客站。

　　中型铁路客站不仅仅是交通建筑，更是传承中华文化的重要载体。嘉兴站利用老站砖石，将老嘉兴站复原重建，保留红色记忆；大同南站以云冈石窟、魏碑等文化遗存为理念，彰显了北魏气魄；吉安西站以"5 主 18 次"的群山造型，营造出五指峰的雄浑气势；香格里拉站采用雪白、藏红色彩，借鉴地域建筑造型，"藏味"十足……每一座客站都巧妙地将地方特色与文化元素融入其中，彰显文化自信。

　　中型铁路客站以其精美的建筑设计和精湛的建造工艺，成为所在城市的亮丽名片，对区域经济社会发展具有十分重要的意义。

宜宾站

3.1

↑ 候车大厅

宜宾站位于四川省宜宾市，站房建筑面积 4.7 万 m^2。站场规模 5 台 12 线，于 2023 年 12 月 26 日开通运营。

该客站设计汲取长江文化内涵，立面横向线条变化如千帆过境，百舸争流，营造三江汇聚之感；整体形态以书法"一"字的遒劲笔锋，塑造宜宾万里长江第一城的雄浑姿态。

扫描二维码
了解本站更多知识

株洲站

3.2

株洲站位于湖南省株洲市芦淞区,站房建筑面积4.5万 m²,站场规模6台15线,于2022年12月31日开通运营。

该客站设计立足株洲悠久的历史,立面造型取自于炎帝陵殿,建筑形体端庄、造型雄伟。室内以炎帝文化点睛、陶瓷文化添彩,融入地方文化元素,打造温馨舒适的候车空间。

该客站工程荣获株洲市神农奖、中施企协绿色建造施工水平三星级评价。

⊕ 候车大厅

扫描二维码
了解本站更多知识

 江阴站
3.3

⊙ 候车大厅

　　江阴站位于江苏省江阴市，工程总面积 10 万 m^2，站房建筑面积 4.2 万 m^2，站场规模 4 台 10 线，于 2023 年 9 月 28 日开通运营。

　　该客站以"江尾海头，巨轮启航"为设计理念，融入江阴"河网纵横，江河交汇"的地域特色，整体呈现相互交错流动之势，立面呈循环往复、圆润流畅的自然形态，如江海交汇的层层波浪，又如巨轮扬帆起航，富有动感。

　　该客站工程荣获"联盟杯"铁路工程 IBM 应用大赛施工组优秀奖、第十六届中国钢结构金奖。

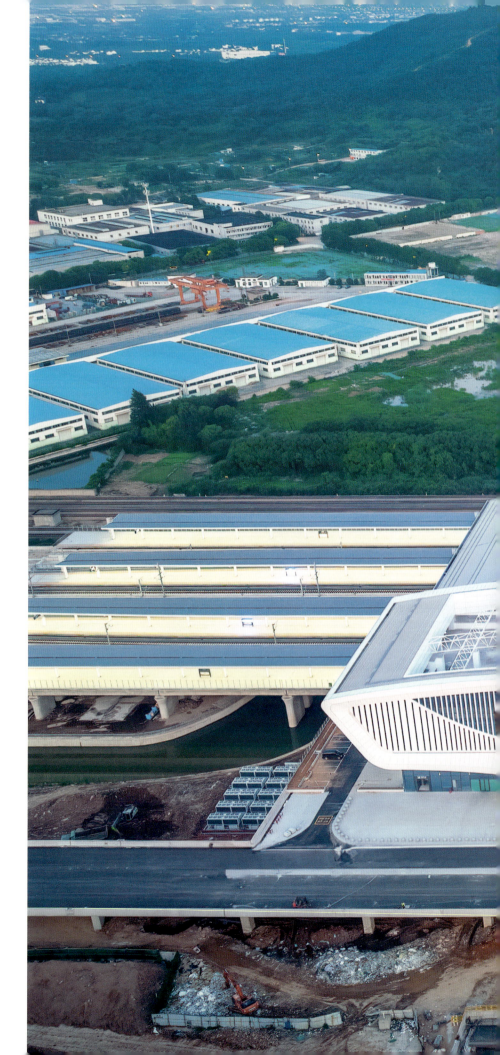

扫描二维码
了解本站更多知识

大同南站
3.4

↑ 候车大厅

　　大同南站位于山西省大同市平城区，总建筑面积 6.6 万 m^2，站房建筑面积 4 万 m^2，站场规模 4 台 9 线，于 2019 年 12 月 20 日开通运营。

　　该客站以"建构大同"为设计理念，对云冈石窟、华严寺、九龙壁等大同丰富的历史建筑遗存抽象、衍生和萃取，厚实形体辅助以抽象的建筑细节，将古都的历史娓娓道来，尊重大同丰富的历史建筑遗存，表达了追求世界大同这一中华"人世之理想"。

　　该客站工程荣获北京市优秀工程勘察设计综合奖三等奖、山西省汾水杯、第十四届中国钢结构金奖。

安庆西站

3.5

↑ 候车大厅

　　安庆西站位于安徽省安庆市怀宁县，站房建筑面积 4 万 m^2，站场规模 3 台 7 线，于 2021 年 12 月 30 日开通运营。

　　该客站以"皖江潮涌，华夏方舟"为设计理念，以简洁有力的线条勾勒出整体形象，抽象出现代巨轮的轮廓，中部舒展的曲线贯穿立面，表现出皖江潮涌、奔腾不息的气势。室内候车大厅两侧的 10 根龙船柱式以及中部船形天窗整体营造潮生船韵的氛围。

　　该客站工程被评为安徽省绿色施工示范工程、安徽省新技术应用示范工程。

扫描二维码
了解本站更多知识

📍 南阳东站
3.6

  南阳东站位于河南省南阳市宛城区，站房建筑面积 4.0 万 m^2，站场规模 3 台 8 线，于 2019 年 12 月 1 日开通运营。

  该客站以"卧龙腾飞，伏牛奋进"为设计理念，中间拱形与两侧舒展的水平线条勾勒出屋顶形态，实现了站前平台全覆盖设计。室内将象征着祝福与平安的孔明灯融入吊顶中，通过大曲面梭型天窗引入自然光源；大厅四条汉化"干雨随车"装饰带，展现南阳丰厚的文化底蕴。

  该客站工程荣获 2021 年度河南省优秀勘察设计一等奖、2020 年度国家铁路局优秀工程勘察设计二等奖、第十四届中国钢结构金奖工程、2020—2021 年度中国建设工程鲁班奖等奖项。

⇧ 一层进站广厅

黄山北站
3.7

↑ 候车大厅

黄山北站位于黄山市屯溪区，站房建筑面积 4.0 万 m^2，站场规模 7 台 16 线，于 2015 年 6 月 28 日开通运营。

该客站以"古徽新韵，奇松迎客"为设计理念，提取中国山水画元素，以国画抽象笔法表达传统徽派意韵，兼顾对黄山磅礴雄浑、天然巧成的形象特征进行全新的诠释。建筑表面富有韵律变化的构件模拟迎客松及黄山石的意象，以环抱开放的姿态伸出臂膀欢迎远道而来的客人。

该客站工程被评为 2016 年度全国建筑业绿色施工示范工程，获 2016—2017 年度国家优质工程奖。

江门站
3.8

江门站位于广东省江门市新会区,工程总面积 25 万 m^2,站房建筑面积 4 万 m^2,站场规模 8 台 20 线,于 2020 年 11 月 16 日开通运营。

该客站以"生命之树,小鸟天堂"为设计理念,造型灵感取自巴金笔下独木成林、万鸟齐栖的百年古榕树。一根根流畅仿生的结构从底部破土而出,呈交叉编织状向上,在顶部形成开枝散叶的树冠,描摹榕树拔地而起、枝繁叶茂的景象。

⇧ 进站大厅

扫描二维码
了解本站更多知识

莆田站
3.9

莆田站位于福建省莆田市，新站房与既有站房对向并场设站。新建站房建筑面积3.9万 m^2，新建站场规模3台7线，于2023年9月28日开通运营。

该客站以"梳帆载志，腾浪远航"为设计理念，整体造型采用山海交汇、帆樯昂扬、港城崛起的建筑设计理念，寓意妈祖海洋文化源远流长，中部高高耸起，寓意莆田经济发展崛起腾飞。

↑ 二层候车大厅

东莞南站

3.10

东莞南站位于广东省东莞市,站房建筑面积 3.0 万 m^2,站场规模 4 台 8 线,于 2021 年 12 月 10 日开通运营。

该客站以"岭南粤秀,海纳百川"为设计理念,提取岭南"镬耳墙"建筑元素,凝练大浪翻涌的海洋文化,彰显"海纳百川""勇立潮头"的东莞城市精神。

扫描二维码
了解本站更多知识

益阳南站

3.11

益阳南站位于益阳市赫山区，站房建筑面积 4.0 万 m^2，站场规模 6 台 18 线，开通 2 台 6 线，于 2022 年 9 月 6 日开通运营。

该客站造型采用翅膀的意象，体现"文脉交织，崭新腾飞"的设计理念。进站广厅下收上开的流线处理手法，借鉴竹子向上生长的形态，寓意益阳城市发展蒸蒸日上，室内浮雕展现益阳茶马古道文化元素，表达益阳人坚韧不拔、生生不息的精神。

该客站工程荣获第十五届中国钢结构金奖。

⬆ 候车大厅

张家界西站

3.12

↑ 航拍车站立面

　　张家界西站位于湖南省张家界永定区，是连接黔常铁路与张吉怀高速铁路的重要枢纽车站，也是集铁路、汽运、公交、磁悬浮等多种交通方式于一体的综合交通枢纽。站房建筑面积3.5万 m^2，站场规模7台17线，于2019年12月26日开通运营。

　　该客站以"世界之峰，民族之城"为设计理念，折板屋面错落有致，门廊与匝道桥构成湘西风雨桥的形式，营造"奇峰叠翠，廊桥百里"的整体意向。室内装修引入"山水之间"中式园林的设计理念，形成人在景之中，景在人之旁的建筑意境。

　　该客站工程获2020—2021年度国家优质工程奖。

自贡站

3.13

↑ 候车大厅

  自贡站位于四川省自贡自流井区，工程总面积 7 万 m^2，站房建筑面积 3.5 万 m^2，站场规模 4 台 8 线，于 2021 年 6 月 28 日开通运营。

  该客站以"千年盐都，时代结晶"为设计理念，从盐晶体中汲取灵感，用菱形格构拼接成六边形盐晶体纹样，表达透明的盐田意境；站房正立面下沿微微起拱，形如恐龙脊背，体现自贡"恐龙之乡"的地域文化。

  该客站工程荣获四川省天府杯金奖、中国施工企业管理协会 2023 年工程建设项目设计水平评价三等奖、"新基建杯"智能建造优秀 BIM 施工案例赛组二等奖、"优路杯"全国 BIM 技术大赛铜奖。

扫描二维码
了解本站更多知识

嘉兴站

3.14

↑ 复建站房立面

嘉兴站位于浙江省嘉兴市南湖区，站房建筑面积 1.6 万 m^2（其中复建老站房建筑面积 940 m^2），新建站场规模 3 台 6 线，于 2021 年 6 月 25 日开通运营。

嘉兴站以"森林车站，城市绿洲"为设计思路，将主要交通和商业功能收置于地下，把地面公园扩大，以绿色覆盖城市中心，重塑临湖绿洲。结合嘉兴的历史和人文特点，对老站房进行 1:1 复原；半地下车站引入自然光，地面腾出大量的公共空间，将自然还给市民和旅客，建成绿色的城市中心。

该客站工程荣获湖北省优秀勘察设计一等奖、2023 年度中国建筑工程装饰奖、2022—2023 年度国家优质工程奖。

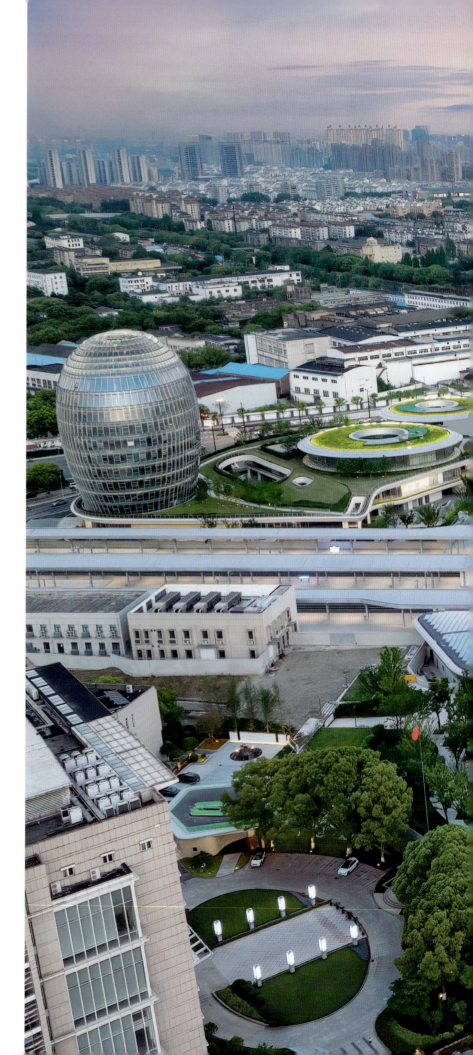

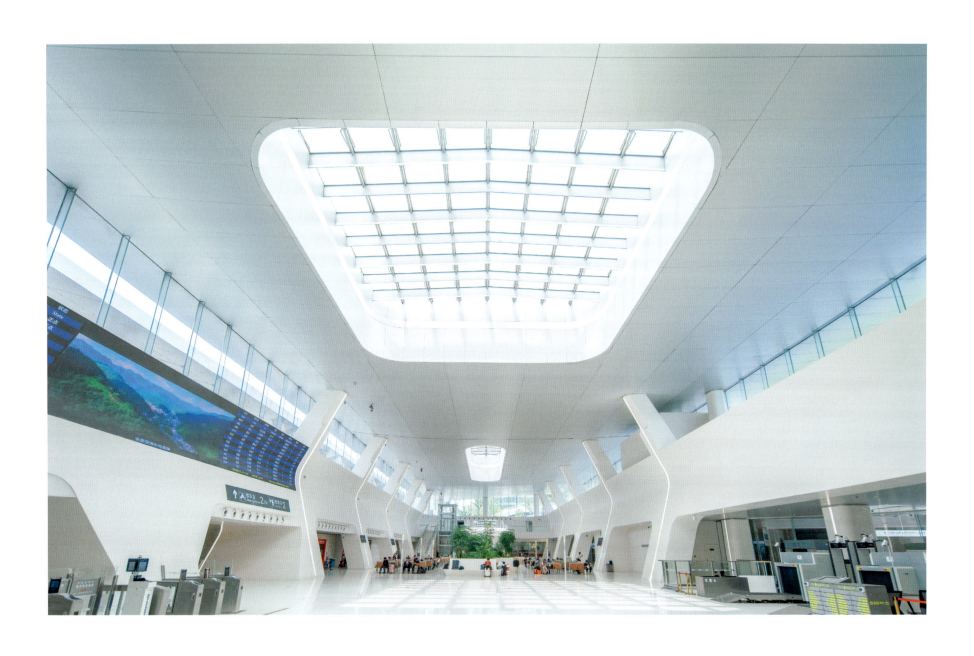

↑ 候车大厅

↑ 候车大厅

潮汕站

3.15

↑ 候车大厅

潮汕站位于广东省潮州市潮安区，站房建筑面积 1 万 m²，站场规模 4 台 12 线，于 2022 年 1 月 17 日开通运营。

该客站以"海滨邹鲁，古韵新潮"为主题，提取五行山墙、广济楼等文化元素，运用现代、抽象设计手法，将潮汕古韵、人文与简洁、现代的装修设计融为一体，形成高雅、大气的建筑风格。古民居山墙中"观音兜"造型作为核心的空间形态，给予旅客直观的"潮汕印象"。立面通过叠级的横向铝板及钢结构斜撑构件，化繁为简，抽象地表达传统建筑壁柱、斗拱和挑檐的神韵。该客站的开通运营解决了粤东地区旺盛的客运需求，形成"大进、大出"的格局，对当地经济社会发展具有十分重要的意义。

邵阳站

3.16

邵阳站位于邵阳市主城区，站房面积 3.2 万 m^2，站场规模 3 台 8 线，于 2023 年 11 月 21 日开通运营。

该客站以"古城新韵，门户枢纽"为创意，挖掘邵阳深厚的历史文化特征和地域特色元素，结合现代化的交通建筑语汇，打造古而新的中国风建筑。建筑整体形象如邵阳的城墙门楼意向，门楼由一段式坡屋面勾勒，并用四个层层叠叠的屋檐单元作为构图要素，每个单元用现代化的几何水平线条演绎，传达出传统韵味。城墙则通过基座来诠释，站房整体形象隐喻城市大门，象征邵阳的门户枢纽形象，彰显城市迎接八方来客的美好愿景。

吉安西站

3.17

吉安西站位于吉安市吉州区，站房建筑面积 3 万 m²，站场规模 3 台 7 线，于 2019 年 12 月 26 日开通运营。

该客站以"五指擎天秀井冈，文章节义金庐陵"为设计理念，彰显吉安特有的红色基因与庐陵文化。正立面 2 155 块异形铝板隐缝安装，通过幕墙悬挑尺寸变化勾勒出 5 主 18 次的群山造型，充分展现"五指峰"的雄浑气势。

该客站工程被评为 2020 年度江西省建筑业新技术应用示范工程、荣获 2020 年度湖北省勘察设计成果一等奖、2020 年度江西省优质建设工程杜鹃花奖、2019 年度北京市结构长城杯金奖、2019—2020 年度铁路优质工程奖一等奖、第十四届中国钢结构金奖、2020—2021 年度中国建设工程鲁班奖。

扫描二维码
了解本站更多知识

长白山站

3.18

长白山站位于吉林省延边朝鲜族自治州，工程总建筑面积7.1万 m^2，站房建筑面积3万 m^2，站场规模5台12线，于2021年12月24日开通运营。

该客站以"尊重自然，绿色有机"为设计理念。站房形态取自"三江汇源天池水"的自然风情，正立面双曲面、多维度圆弧造型幕墙借鉴长白山山体轮廓设计，将周围郁郁葱葱的美人松林引入室内，与自然共生，形成"松木留香"的意境。候车厅以"海东青展翅"的大空间跌级弧形铝条板融合"雪花状"穿孔铝板与中部围合出的"天池水滴"造型。

该客站工程荣获2022年度吉林省建设工程省优质工程"长白山杯"奖、2022年度上海市勘察设计行业协会优秀设计奖、第十五届中国钢结构金奖、2022—2023年度中国建设工程鲁班奖等奖项。

↑ "天池水滴"吊顶

扫描二维码
了解本站更多知识

 南宁北站
3.19

　　南宁北站坐落于南宁市武鸣城区以西，东盟经开区以东。站房建筑面积 3 万 m^2，站场规模 3 台 8 线，远期预留 8 台 19 线，于 2023 年 8 月 31 日开通运营。

　　该客站以"风雨廊桥，绿城名片"为建设理念，正立面形成巨大城市灰空间，造型新颖独特。灰空间下方设置垂直梯田状绿化带，是对壮族文化的良好体现，诠释了广西壮族的文化内涵及对自然的尊崇。候车厅采用十二根倾斜斜钢柱，保证结构安全的同时也寓意着广西主要的十二个民族同胞共同筑造广西美好未来。截面采用六边形代表着六合、六顺之意。站房东立面标志性的塔柱是以廊桥在水中倒影为意象，结合壮锦纹样、骆越文化标志性代表性的地方文化元素。塔柱的细节处理也非常有特色，塔柱横向檐口采用廊桥的木色，内部镂空雕刻壮锦纹样——回形夔龙纹的铝板，寓意吉利喜庆、高贵祥瑞、吉祥如意、国泰民安。

　　该客站工程荣获 2023 年广西优质结构工程奖、广西绿色施工示范工地称号、2024 年广西建设工程"真武阁杯"奖。

① 候车大厅

扫描二维码
了解本站更多知识

惠州南站
3.20

惠州南站位于广东省惠州市惠城区，站房建筑面积 3 万 m^2，站场规模设 2 台 6 线，预留 2 台 4 线，于 2023 年 9 月 26 日开通运营。

该客站以"重檐叠瓦，鳞纹荡波"为设计主题，寓意客家、广府、福佬文化在惠州和谐共生。利用重复的弧形单元顶棚勾勒出极具阵列感的建筑轮廓，形似岭南古村落层层叠叠的屋顶肌理，韵律感油然而生，尽显烟水缥缈的古韵风情。室内以水元素为主体，勾勒出古城惠州"半城山色半城湖"的独特地理概貌。

↑ 鸟瞰图

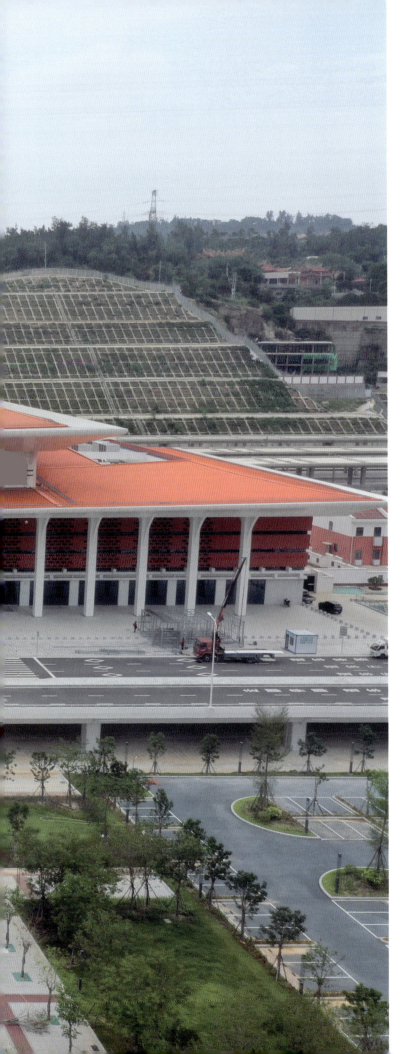

📍 泉州南站

3.21

  泉州南站位于福建省泉州市，站房建筑面积 3.0 万 m^2，站场规模 3 台 7 线，于 2023 年 9 月 28 日开通运营。

  该客站运用闽南特色的"红砖白石双坡曲，出砖入石燕尾脊"建筑意象形式，整体造型依山就势，采用经典的三段式构图比例，汲取红砖古厝、海丝风帆、惠安石雕、等极具泉州当地建筑特色的文化元素，体现了历史文化建筑与自然环境的互融互合。

⇧ 候车大厅

宣城站
3.22

↑ 候车大厅

　　宣城站位于安徽省宣城市宣州区，站房建筑面积 3 万 m^2，站场规模 5 台 14 线，于 2020 年 6 月 20 日开通运营。

　　该客站以"宣"为设计主题，造型取自宣纸层层叠叠的意向，以柔美的曲线表达宣纸形象，整体形象"宣"而"新"，体现了宣城作为中国文房四宝之乡、"山水诗乡八百里，人文宣城两千年"的悠久人文历史及独特的地域文化特征。

牡丹江站

3.23

　　牡丹江站位于黑龙江省牡丹江市西安区，是滨绥铁路、图佳铁路、牡绥铁路、哈牡高速铁路、牡佳高速铁路上的车站，是黑龙江省铁路客运重要枢纽之一。站房建筑面积3万 m^2，站场规模8台17线，于2018年12月31日开通运营。

　　该客站在设计上沿用百年中东铁路车站的造型基因，以柔顺的圆弧曲线作为设计母题，采用三种不同曲率的曲线勾勒出柔和、多层次的建筑形象；高低错落的天际线、高耸的柱墩、张力十足的动感形体宛如雪峰，与北国风光完美融合。

　　该客站工程荣获国家铁路局优秀勘察设计二等奖、黑龙江省优秀工程设计二等奖。

候车大厅

扫描二维码
了解本站更多知识

濮阳东站

3.24

　　濮阳东站位于河南省濮阳市华龙区，站房建筑面积 2.6 万 m^2，站场规模 3 台 7 线，于 2022 年 6 月 20 日开通运营。

　　该客站被中华炎黄文化研究会授予"中华龙乡"的称号，站房内外装修以龙文化为主题，幕墙为大跨度鱼腹桁架拉杆体系，屋盖结构为大弧度钢管桁架体系，双曲屋面檐口最大悬挑 18.7 m，正视角度蜿蜒起伏，形似龙身形态，寓意巨龙腾飞。室内采用双色大曲面跌级吊顶，与外立面龙文化相辅相承。

　　该客站工程荣获中国建筑工程装饰奖。

↑ 候车大厅

虎门站

3.25

　　虎门站位于广东省东莞市虎门镇,站房建筑面积 2.3 万 m^2,站场规模 2 台 6 线,于 2023 年 9 月 26 日开通运营。

　　该客站以"湾区门户,如虎添翼"为设计理念,站房两侧延伸出如两翼般的站房顶部,打开南北两翼的城市展示面,以门户形象迎接全新的城市轴线,打造出犹如展翅腾飞的动感站房轮廓。该客站工程整体引入城市客厅的概念,以多层立体公共空间,作为换乘枢纽,集高铁、城际、市政于一体,形成全天候城市通廊。

ⓕ 候车大厅

长治东站

3.26

↑ 侧立面

长治东站位于山西省长治市潞州区，站房建筑面积为 2 万 m²，站场规模 3 台 7 线，于 2020 年 12 月 12 日开通运营。

该客站以"天下屋脊，长治久安"为设计理念，建筑外立面设计提炼上党门的檐口形象，形成高挑舒展的屋顶，流畅明快的线条层次恰如雄奇俊美的山川脊梁。挺拔的柱墙向上伸展托起屋顶，宁折不弯的形态象征着坚强不屈的太行精神。室内设计中，以屋脊为主要元素进行演绎，并从当地的代表建筑中提取元素，以古建屋脊三角造型为基本单元进行构架形态，最终形成"长治久安圣王畔，太行山脊隐云端"的长治印象。

晋城东站

晋城东站

3.27

晋城东站位于山西省晋城市金村新区，工程总建筑面积4.58万 m^2，站房建筑面积2万 m^2，站场规模3台7线，于2020年12月12日开通运营。

该客站以"晋中文化宝库，昂首振翅腾飞"为设计理念，通过现代与抽象手法相结合，将晋城悠久灿烂的文化和其未来发展的景象在站房的造型上加以展现，既表现出晋城悠久的历史文化底蕴，又将晋城作为山西对外开放的先行兵，"昂首迈进，展翅高飞"的形象加以抽象表达。立面设计灵感来源于中华古建精华，现代简洁和文化积淀在此浑然天成。

该客站工程荣获2021年度山西省优质工程奖。

⊙ 候车大厅

增城站
3.28

候车大厅

增城站位于广东省广州市增城区，站房建筑面积 1 万 m^2，站场规模 2 台 6 线，于 2023 年 9 月 26 日开通运营。

该客站以"挂绿一树誉天下，站城相依新岭南"为设计理念，荔枝表皮纹理结合建筑技术中的模数化理念形成幕墙肌理，令人联想到名满天下的荔枝"挂绿"。流线形的站房形体呼应汽车工业中流体雕塑概念，与现代交通建筑气质相契合。

吉首东站

3.29

吉首东站位于湖南省湘西自治州吉首市,站房建筑面积 2 万 m²,站场规模 3 台 7 线,于 2021 年 12 月 6 日开通运营。

该客站以"玉树高撑,福荫湘西"为设计概念,整体风格现代,建筑形体呈现三段式构图,高低错落,与当地传统建筑的层叠屋檐呼应。站房以武陵山脉和悠悠的万溶江山水意境为装饰元素,以"武陵之魂,魅力湘西"为主题,以现代设计手法加以演绎,传统与现代结合,人文共生态一色,采用流动的山水意境和独特建筑人文作为设计元素,并融合当地文化元素土家织锦"西兰卡普,四十八勾"和苗族刺绣、苗鼓为装饰元素点缀,强调整个空间点、线、面及动、静的节奏韵律。

该客站工程荣获 2021—2022 年度湖南优质工程奖、湖南省建设工程芙蓉奖。

唐山西站

3.30

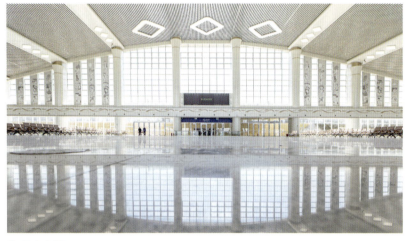

↑ 候车大厅

唐山西站位于唐山市高新区境，站房建筑面积 1.6 万 m^2，站场规模 2 台 6 线，于 2022 年 12 月 30 日开通运营。

该客站以"凤凰展翅，渤海明珠"为设计理念，以现代明快的设计风格彰显着唐山这座"凤凰城"的活力。站房中部微微拱起玻璃幕墙，在扩大进站空间的同时，凸显了"渤海明珠"的主题。室内装饰与外立面呼应，取"凤凰吉祥"之意，吊顶中提炼出"中国结"的菱形造型，形成独特风格。

扫描二维码
了解本站更多知识

景德镇北站
3.31

景德镇北站位于"千年瓷都"江西省景德镇市珠山区，站房建筑面积 1.7 万 m^2，站场规模 5 台 13 线，于 2023 年 12 月 27 日开通运营。

该客站以"景绣中华，从瓷腾飞"为设计理念，外立面借鉴景德镇传统瓷器底款写法的"景德镇制"四个篆书大字，站房外观采用"手捧花瓶，异彩瓷都"的设计理念，以双手捧住花瓶作为主体框架，花瓶的设计，借鉴了当地陶瓷元素。候车厅吊顶运用"平顶＋藻井"造型，勾勒出庄重典雅的仿青花瓷盘曲线造型，将"宋代影青斗笠碗"引入站房外立面装饰，两侧运用横向线条拟态"腾飞双翼"，象征"千年瓷都"在新时代腾飞发展。

候车大厅

扫描二维码
了解本站更多知识

金坛站
3.32

↑ 大运河飘带造型

金坛站位于江苏省常州市金坛区，站房建筑面积 1.6 万 m^2，站场规模 4 台 10 线，于 2023 年 9 月 28 日开通运营。

该客站以"碧湖映月，山影游镜"为设计理念，将山之形、水之韵转译为简洁明快的设计语汇，演绎出山的秀美，水的灵动。以金坛境内山水特色为原型，勾勒出"凉月如钩挂水湾，江南风物镜中看"的秀美景色。站房屋顶借鉴金坛的刻纸文化，形成渐变的天窗形式，营造出开敞明亮的景观光谷，整体打造出浑然一体的建筑形象，彰显金坛"生态新门户"的时代特征。同时，通过不断深化设计，将茅山、长荡湖等地域性元素完美融合到站房建设当中，实现站房工程与周边自然文化景观的协调。

滑浚站
3.33

滑浚站位于河南省安阳市滑县与鹤壁市浚县交界处，是跨越两市两县的铁路车站，站房建筑面积 1.6 万 m^2，站场规模 2 台 6 线，于 2022 年 6 月 20 日开通运营。

该客站以"大象无形，和而不同"为设计理念。南、北站房外立面采用不同的元素表达中国传统文化，体现"和而不同"的设计理念。滑县以华夏文明夏商周时代的建筑文化，引入当地古建结构、斗拱、青铜器特有元素符号，外立面凸出夏商周建筑特色。浚县外立面采用红色的斗拱等建筑细节，突出中国传统文化概念。既传承历史文脉，又兼具时代精神，达到"和而不同"的设计理念。

该客站工程荣获北京市 2021—2022 年度结构长城杯金奖、2021—2022 年度河南省建设工程施工安全生产标准化工地奖。

南通西站

3.34

候车大厅

南通西站位于江苏省南通市通州区,站房建筑面积 1.6 万 m^2,站场规模 4 台 8 线,全覆盖雨棚钢结构长 361 m,于 2020 年 7 月 1 日开通运营。

该客站站房及雨棚一体化设计,采用"化墩为墙"艺术手法,融入南通蓝印花布、板鹞风筝、广玉兰花等地方文化元素,打造温馨舒适的桥下候车环境。

该客站工程被评为江苏省新技术应用示范工程,荣获安徽省优秀勘察设计一等奖、2022—2023 年度国家优质工程奖。

扫描二维码
了解本站更多知识

东台站

3.35

东台站位于江苏省东台市,站房建筑面积1.5万 m²,站场规模4台8线,于2020年12月30日开通运营。

该客站设计创意融入"水绿东台"元素,以树枝形状的钢结构幕墙展现东台独特的生态优势;主体为钢筋混凝土框架结构形式,屋面为直立锁边铝镁锰板金属屋面系统;钢网架屋盖采用高空散拼的安装模式,预先在地面完成钢网架小单元的拼装,在空中将网架小单元连接成整体;室内外装饰融合了当地多种多样的人文地理元素,凸显东台悠久的文化历史。

↑ 候车大厅

格尔木站

3.36

格尔木站位于青海省格尔木市，地处青藏高原腹地，是连接新疆、西藏、甘肃的交通要站，站房建筑面积 1.5 万 m²，站场规模 3 台 5 线，于 2020 年 6 月 30 日开通运营。

该客站造型以"千山之宗、万水之源，雪域苍穹、青藏枢户"为设计主题，站房外立面以硬朗起伏的建筑轮廓延续昆仑雪山的自然景观，站房中部向两侧依次跌级，呈峰峦起伏之势。向两侧舒展的水平线条，如河流般绵延不绝。候车大厅采用铝板转印昆仑山脉主题壁画及雕刻图案，使站房更具当地人文气息及现代美感。

该客站工程荣获青海省"江河源"杯，被评为住房城乡建设部绿色施工科技示范工程。

↑ 候车大厅

邳州东站

3.37

邳州东站位于江苏省邳州市,站房建筑面积1.5万㎡,站场规模3台8线,于2021年2月8日开通运营。

该客站以"楚韵新唱,大器邳州"为设计理念,遵循楚韵汉风、诗意田园的总体城市规划愿景,整体造型传承庄重、古朴的楚汉神韵,彰显气魄雄浑、典雅壮丽的邳州风貌。

↑ 候车大厅

扫描二维码
了解本站更多知识

林芝站

3.38

① 进站大厅

林芝站位于西藏自治区林芝市巴宜区，平均海拔 3 100 m，站房建筑面积 1.5 万 m²，站场规模 3 台 6 线，于 2021 年 6 月 25 日开通运营。

该客站以"工布神韵、桃花映雪"为设计理念，造型呈层层上升的建筑形态，运用雪白、藏红等独具民族特色的色彩，体现巨大的山水落差、丰富的生态气候和壮丽的自然景观。采用工布建筑坡屋顶形式突出藏式建筑的独特魅力。提炼桃花元素有机融入到室内空间，体现林芝雪域江南的特色。

该客站工程荣获西藏自治区"雪莲杯"奖、2022—2023 年度中国建设工程鲁班奖（国家优质工程）。

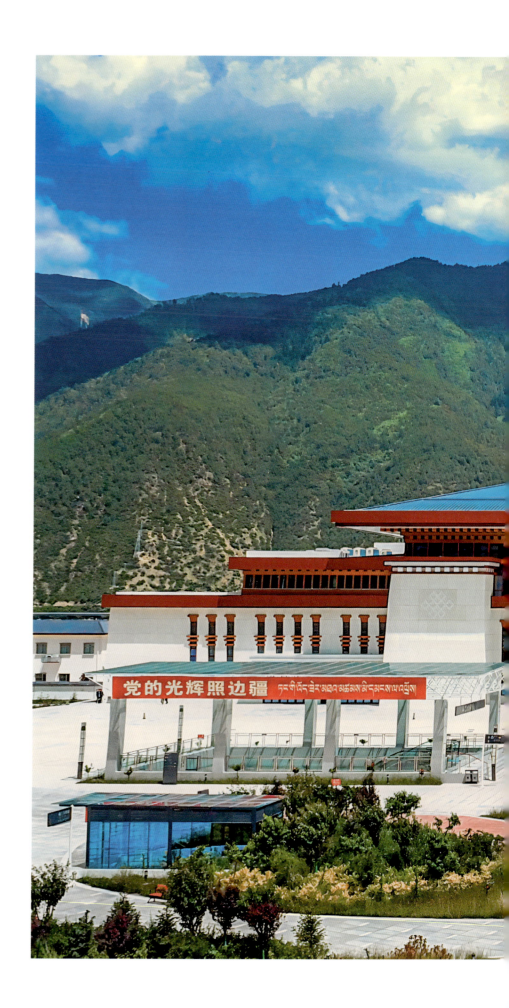

颍上北站

3.39

　　颍上北站位于安徽省阜阳市颍上县，站房建筑面积 1.5 万 m²，站场规模 2 台 4 线，于 2019 年 12 月 1 日开通运营。

　　该客站以"韵起汉唐，蕴自管仲，运佑颍上"为设计主题，汲取汉唐建筑元素形式，以现代建筑方式重构，站房主体两层台相叠，恢弘大气。将管仲思想融入建筑立面，展现了颍上悠久的人文历史及地域文化底蕴。

↑ 候车大厅

山南站

3.40

　　山南位于西藏自治区山南市泽当镇，站房建筑面积1.5万 m^2，站场规模2台5线，于2021年6月25日开通运营。

　　该客站以"雍布神殿望雪峰，诗传千年山南梦"为设计理念，站房提取雍布拉康层层向上的形态特征，彰显"人文山南"的理念。候车大厅天花吊顶选用铝单板和铝条板相结合的藻井构造方式，融入地域特色"吉祥结"造型，在"吉祥结"的图案中进一步融入"雪域莲花"图案，营造"雪域升红日，金莲迎盛世"的氛围，以诠释"藏之源、山之南、河之畔、湖之蓝"的山南印象。

↑ 二层候车厅

句容站

3.41

↑ 正立面

句容站位于江苏省镇江市句容市，站房建筑面积 1.5 万 m²，站场规模 2 台 6 线，于 2023 年 9 月 28 日开通运营。

该客站以"道法自然、生态句容"为设计理念。屋面犹如层层波纹映照句容山水，展现句容的灵动与秀美，描绘出茅山古建筑的飞檐形态，犹如在山水间划出的一道优美的弧线。室内以"福地句容"的"福"文化作为主要文化元素，贯穿整个空间，展现句容的文化底蕴，体现人与自然的和谐统一。

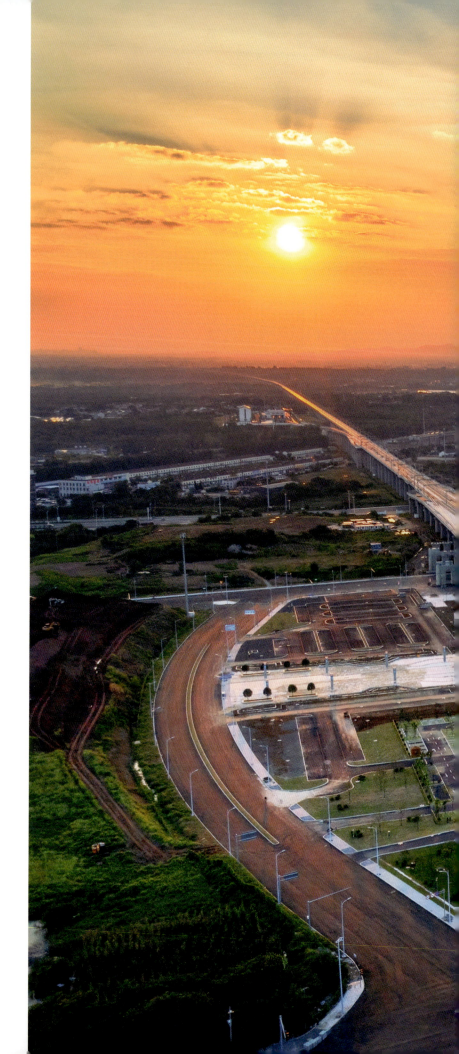

承德南站

3.42

↑ 候车大厅

承德南站位于河北省承德市双桥区，站房建筑面积 1.5 万 m²，站场规模 4 台 10 线，于 2018 年 12 月 29 日开通运营。

该客站以"紫塞明珠，和合承德"为设计理念，立面结合承德的"承"字和避暑山庄建筑意向，展现承德"承古创今，和合承德"的城市文化。

淮南南站

3.43

淮南南站位于安徽省淮南市田家庵区,站房建筑面积 1.5 万 m²,站场规模 2 台 6 线,于 2019 年 12 月 1 日开通运营。

该客站以"四鼎相铸"为设计理念,采用现代的设计手法,四组"鼎"承托出中高侧低的轮廓,悬挑屋面深远轻盈,整体形象大气舒展,建筑造型均衡稳重,让人不禁回想千年王城的砖影。

↑ 候车大厅

庆阳站
3.44

↑ 候车大厅

　　庆阳站位于甘肃省庆阳市西峰区，站房建筑面积 1.5 万 m²，站场规模 3 台 6 线，于 2020 年 12 月 26 日开通运营。

　　该客站以"苍茫厚土，大塬流觞"为设计理念，从黄土高原的自然环境和特色建筑出发，大气稳重的形体表达大塬神韵；幕墙虚实变化写意黄土地夯土建筑表面肌理；窑洞式主入口进一步突出建筑地方特色，整体体现黄土高原的独有气质。

凤凰古城站

3.45

凤凰古城站位于湖南省湘西土家苗族自治州凤凰县,站房建筑面积1.5万 m²,站场规模2台6线,于2021年12月6日开通运营。

该客站以"灵秀山水,凤舞湘西"为主题,将古城起伏的群山、沱江边的吊脚楼、延绵的坡屋面、层叠交错的木质格栅融入站房设计中,与凤凰古城城市肌理相契合。站区建筑群以站房为中心,与群山林立的自然环境相呼应,共同描绘出"有凤来仪"的景观。

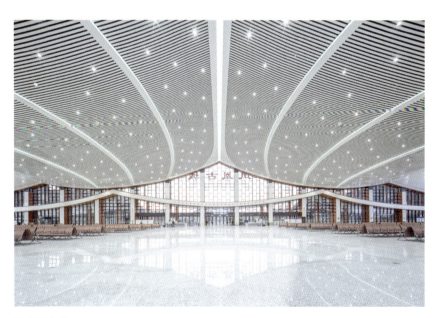

↑ 候车大厅

禹州站

3.46

↑ 候车大厅

禹州站位于河南省禹州市，站房建筑面积 1.5 万 m²，站场规模 2 台 6 线，于 2019 年 12 月 1 日开通运营。

该客站以"华夏禹都，中原钧城"为设计主题，形态取自夏朝宫室建筑，通过抽象的出戟尊、大禹治水工具等形态符号表达大禹文化、钧瓷文化，体现出禹州深厚的夏都底蕴。

普洱站

3.47

　　普洱站位于云南省普洱市思茅区,是中老铁路国内段的重点枢纽车站,站房建筑面积1.2万 m²,站场规模3台8线,于2021年12月3日开通运营。

　　该客站以"茶马古道,云滇驿站"为设计理念。设计灵感源自当地特有的建筑形式,通过重檐、错落、嵌入组合手法,将民族图案融入建筑细节。室内茶叶、茶马古道等元素凸显地域性和文化性,使其成为"一带一路"的新驿站,茶马古道的新演绎。

⊕ 候车大厅

扫描二维码
了解本站更多知识

黟县东站

3.48

↑ 候车大厅

黟县东站位于安徽省黄山市黟县，站房建筑面积 1.2 万 m²，站场规模 2 台 8 线，于 2023 年 12 月 27 日开通运营。

该客站以"乡月"为设计主题，吸取了宏村月沼的文化内涵，站房立面造型呈半月状，天井空间采用江南地区独特的四水归堂设计风格，寓意"水聚天心"，突出黟县徽文化元素，展现"山水化境，人文皖南"的意境。

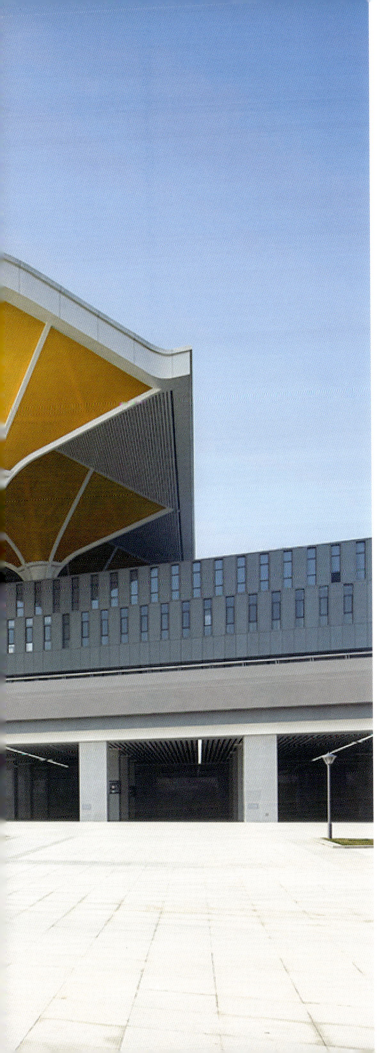

随州南站
3.49

随州南站位于湖北省随州市曾都区，站房建筑面积 2 万 m²，站场规模 2 台 6 线，于 2019 年 11 月 29 日开通运营。

该客站以"古树古村"为设计理念，以银杏叶为主题，24 组"伞状单元体"的银杏叶和两侧高低错落的窗格交相辉映，再现了"华夏古银杏之都"的形象。

该客站工程荣获铁路优质工程、第十四届中国钢结构金奖、2022—2023 年度国家优质工程奖。

↑ 候车大厅

扫描二维码
了解本站更多知识

如皋南站

3.50

如皋南站位于江苏省如皋市。站房建筑面积 1.9 万 m^2，站场规模 2 台 4 线，于 2020 年 12 月 30 日开通运营。

该客站取意如皋长寿礼赞屏风，以屏风样式的折面为主，以渐变富有动感的方窗由低到高逐渐变化排列，通过艺术的加工和概括，形成一个有机形态的单体。客站装饰装修以"寿""福"为元素，凸显出主题"岁月如歌"寿"如皋，商贾富甲"金"如皋，集贤望郡"文"，营造天、地、人和谐统一的美好印象的新如皋。

该客站工程荣获 2022 年江苏交通优质工程"苏畅杯"。

↑ 正立面

庐江西站

3.51

庐江西站位于合肥市庐江区,站房建筑面积1.2万 m²,站场规模2台6线,于2020年12月20日开通运营。

该客站以"时代新颜,腾飞庐江"为设计理念,整体造型做展翅若飞的姿态。室内将"羽扇纶巾,谈笑间樯橹灰飞烟灭"以浮雕的形式体现。庐江的山水诗意和厚重历史用建筑的语言,凝集成了一座新时代的艺术品。

↑ 候车大厅

富阳站

3.52

富阳站位于浙江省杭州市富阳区，站房建筑面积 1.2 万 m²，站场规模 2 台 4 线，于 2018 年 12 月 25 日开通运营。

该客站以"富春山居"为设计理念，采用传统浙江民居的人字造型，与站房后重重高山遥相呼应，融于自然，用现代的设计语言诠释出山水驿站的优美意境。客站外檐口造型为孙权故里的古建筑元素，采用现代手法表现处理，做到古今结合、文化传承，候车大厅吊顶天花把建筑造型"龙门驿站"的双坡折屋面理念继续延续。

该客站工程荣获 2020 年中国建筑工程装饰奖。

舒城东站

3.53

⊕ 一层候车厅

舒城东站位于安徽省六安市舒城县，站房建筑面积 1.2 万 m^2，站场规模 2 台 4 线，于 2020 年 12 月 20 日开通运营。

该客站以"龙舒之地，秦汉之韵"为设计理念，以秦风汉韵的形象展示龙舒之地浓郁的文化氛围，采用平直出挑大屋顶，体现古拙粗犷的汉代建筑风格特点。室内浮雕以"一山、一水、一城"为内容，展示了舒城人文历史和自然风光。

太子城站
3.54

太子城站位于河北省张家口市崇礼区，站房建筑面积1.2万㎡，站场规模3台4线，于2019年12月30日开通运营。

该客站以"山水相连、相约冬奥、冰雪小镇、激情冰雪"为设计理念。车站背山面水，外形以优美的自然山形"曲线"为元素，同时车站以白为主色调，对应2022年冬季奥林匹克运动会主题。鸟瞰车站就像镶嵌于山中的一块美玉，又犹如山抱水绕晶莹剔透的一颗明珠。

↑ 鸟瞰图

绩溪北站
3.55

绩溪北站位于安徽省宣城市绩溪县，站房建筑面积 2.3 万 m²，站场规模 5 台 14 线，于 2018 年 12 月 25 日开通运营。

该客站因地制宜，依山就势，以车站为龙首，龙川大道为龙身，整体呈现出"飞龙在天"的雄伟气势。通过檐口椽子和斗拱造型实现自然过渡，搭配金色外墙和宽敞外廊，充分展现徽派建筑丰富的造型、精湛的雕镂技艺和优美的韵律感。

↑ 候车大厅

武进站

3.56

武进站位于江苏省常州市武进区,站房建筑面积 1.2 万 m^2,站场规模 2 台 6 线,于 2023 年 9 月 28 日开通运营。

该客站以"山水连绵,园意新城"为设计理念,通过多层次的曲线屋顶造型,打造参差错落的江南建筑形态,展现江南连绵起伏的山水意境。站房与室外雨棚连廊采用园林式一体化设计,无风雨换乘的同时,展现了江南建筑"屋下有园,园外有廊"的美妙意境。

扫描二维码
了解本站更多知识

遵义站
3.57

↑ 候车大厅

遵义站位于贵州省遵义市红花岗区，站房建筑面积1.2万 m^2，站场规模4台11线，于2018年1月25日开通运营。

该客站立面设计以遵义会议会址建筑为原型，选取具有代表性的"灰、白"组合为主色调，搭配朱红色门窗框挺，辅以红色五角星加以点缀，以简洁的手法再现经典，既传承了遵义会议的红色精神，又满足了站房建筑的功能需求，打造了百年不朽的标志性建筑。

燕郊站

3.58

　　燕郊站位于河北省三河市,站房建筑面积 1.6 万 m²,站场规模 4 台 15 线,于 2022 年 12 月 30 日开通运营。

　　该客站以"行宫文化,古建新风"为设计理念,以"京津门户,河北咽喉"为主题立意,借鉴行宫红墙金瓦,运用,古代建筑柱廊斗拱元素,凸显了交通建筑的气势和燕郊新城振翅欲飞的精神。

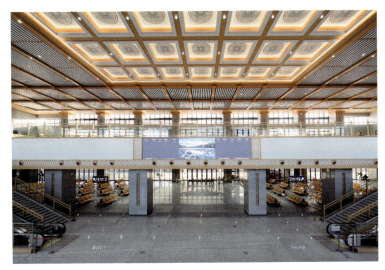

⊙ 候车大厅

河池西站
3.59

↑ 候车大厅

河池西站位于广西壮族自治区河池市金城江区，站房建筑面积1.2万 m^2，站场规模3台7线，于2023年8月31日开通运营。

该客站以"鸾翔凤集，水韵河池"为设计理念，层叠式屋面设计体现了当地少数民族干阑式建筑特征，提升了站房整体的视觉冲击力，造型兼具山水韵、民族情、地域感。酷似王羲之草书"命"字的"巴马命河"吊顶，铜鼓装饰点缀的风口，既丰富空间效果又体现当地文化元素。

乐平北站

3.60

乐平北站位于江西省乐平市，站房建筑面积 1.2 万 m^2，站场规模 2 台 4 线，于 2023 年 12 月 27 日开通运营。

该客站以"赣剧之乡，古城乐平"为设计理念，融合了乐平当地独特的古戏台文化和地域特色。通过仿木材质的格栅结合玻璃屋檐组合成重檐屋顶，搭配站房前方无风雨柱廊，形成古戏台的干阑式建筑立面，体现了乐平古城马头墙的民居特色。

⊙ 候车大厅

长清站

3.61

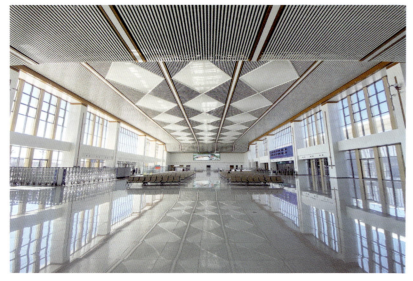

↑ 候车大厅

长清站位于山东省济南市长清区,站房建筑面积为 1 万 m^2,站场规模为 2 台 6 线,于 2023 年 12 月 8 日开通运营。

该客站以"长城之源,水清河晏"为设计理念。站房立面采用"烽火台"意象,屋顶采用多层重叠的退台式结构,与水的涟漪和茶山的阶梯特点相呼应,展现了长清的"齐长城"、水文化和茶文化。

磨憨站
3.62

↑ 候车大厅

磨憨站位于云南省西双版纳傣族自治州勐腊县，站房建筑面积1.5万 m^2，站场规模2台9线，于2021年12月3日开通运营。

该客站以"泛亚新口岸，山水映磨憨"为设计理念。造型源自当地传统建筑，屋面层层跌落，由中心向两侧延伸，形式拟古而不复古，寓意磨憨承古创新的精神和开放通达的姿态。

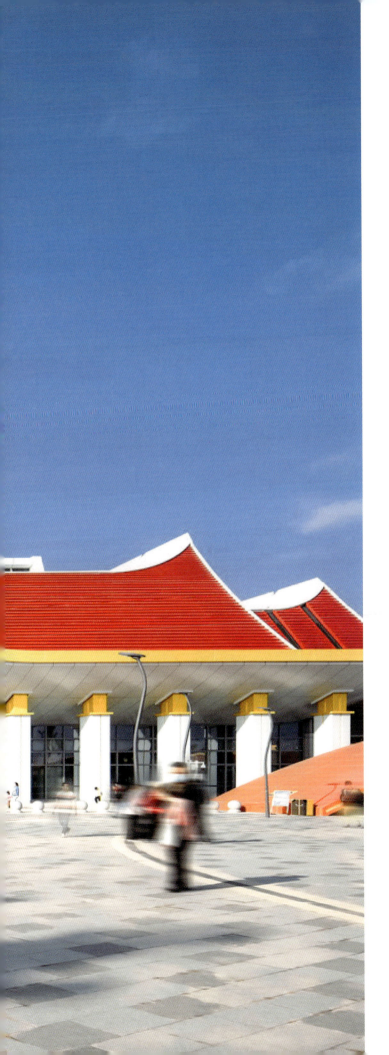

西双版纳站
3.63

西双版纳站位于云南省景洪市,站房建筑面积 1 万 m²,站场规模 3 台 12 线,于 2021 年 12 月 3 日开通运营。

该客站以"雀舞彩云,灵动版纳"为设计理念。屋顶造型取自传统建筑并加以抽象简化,端部起翘层叠挑出,如展翅的孔雀翩翩起舞,彰显热情好客的民族风情。

↑ 候车大厅

荔波站
3.64

荔波站位于贵州省黔南布依族苗族自治州荔波县，站房建筑面积为1万 m^2，站场规模3台6线，于2023年8月8日开通运营。

该客站外立面取自传统瑶族干栏式建筑，左右两侧点缀古建垂花，中央幕墙区域每一跨设置瑶王印纹样图形，站台雨棚结构造型取形于"叉叉房"。候车大厅两侧山墙造型取意自荔波小七孔古桥，山墙造型以古桥身体量数据等比例缩放，放置于站房之中；天桥曲线既是建筑造型又是结构构件，显得结构轻盈，神似荔波"小七孔"造型，使瑶族文化元素巧妙的融合进客站。

↑ 候车大厅

永清东站
3.65

候车大厅

永清东站位于河北省廊坊市永清县，站房建筑面积 1.0 万 m^2，站场规模 2 台 6 线，于 2023 年 12 月 18 日正式开通运营。

该客站以"绿色崛起、高端发展，建设京南中轴秀美永清"为主题。正立面"羽毛飘带"幕墙，似翱翔的白色大雁，表达了"临空门户，展翅腾飞"的寓意。大小不等的三角形灯膜吊顶，描绘了河面上波光粼粼的景象，呈现了永定河"水光波动"的动态美感。

安吉站

3.66

安吉站位于浙江省湖州市安吉县，站房建筑面积 1.0 万 m^2，站场规模 2 台 5 线，于 2020 年 6 月 28 日开通运营。

该客站以"绿水青山真福地，安泰吉祥桃花源"为设计理念。创意取自山水元素，融入白茶之乡、竹文化特色。屋面隐喻水的灵动、山的剪影，高低起伏，表现了山水意韵，结合自然环境，展现安吉的地域风光；室内装修以山、水、茶、竹及吴昌硕文化为设计元素，诠释了"青山绿水、秀美安吉"的绿色发展理念。

该客站工程荣获 2022 年度北京市长城杯金奖、2022 年度"安徽省工人先锋号"荣誉称号。

↑ 如意结吊顶

太湖南站
3.67

↑ 鸟瞰图

　　太湖南站位于安徽省安庆市太湖县，站房建筑面积 1 万 m²，站场规模 2 台 4 线，于 2021 年 12 月 30 日开通运营。

　　该客站以"日出平湖，禅宗圆相"为设计理念，通过抽象手法，将湖面的波光粼粼、朝阳出平湖、禅宗文化圆相的概念赋予站房设计中，抽象描绘出嫣红如火的霞光、阳光淡洒的湖水形象。

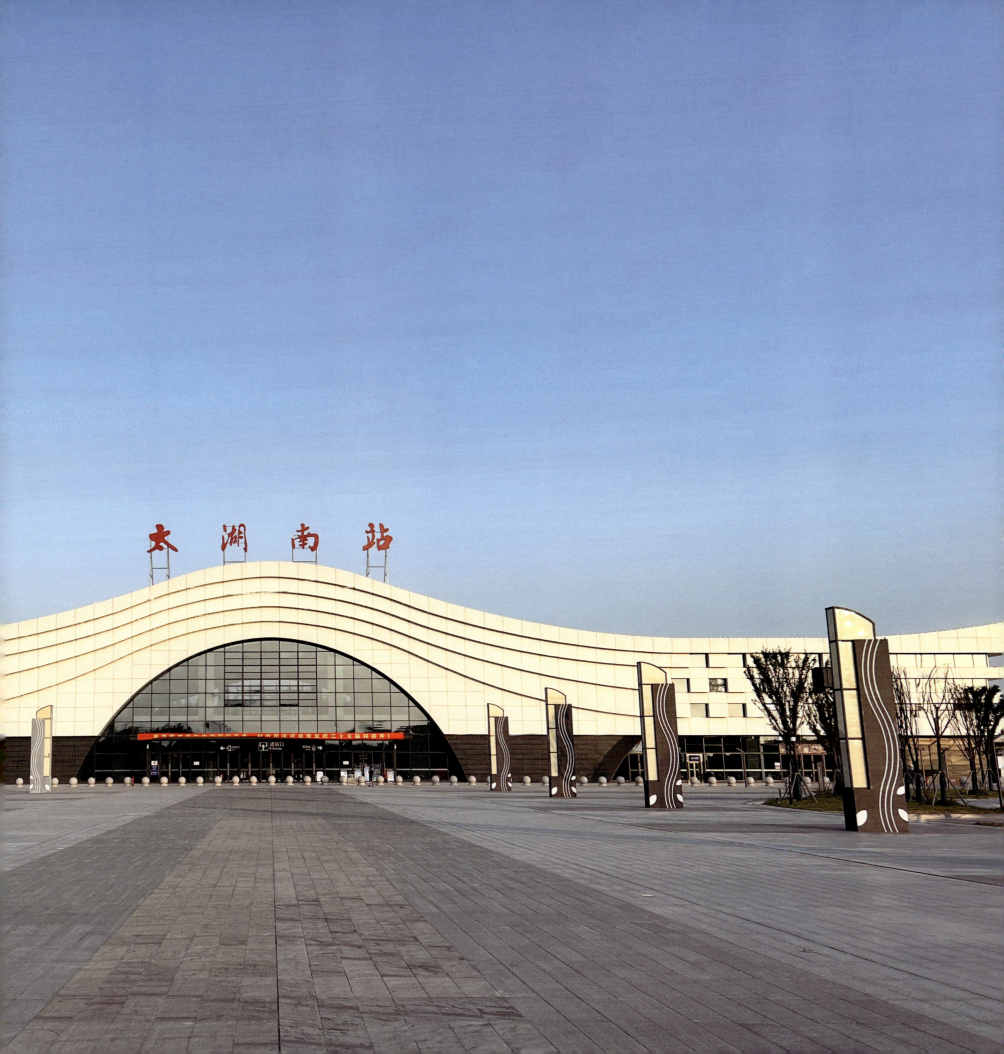

宿松东站

3.68

宿松东站位于安徽省安庆市宿松县,站房建筑面积1万 m²,站场规模2台4线,于2021年12月30日开通运营。

该客站借鉴黄梅戏戏曲舞台形态,通过分割和渐变等细节处理将竖向线条有序排列,抽象表达帷幕徐徐拉开、好戏开场的理念,让旅客脑海中浮现出"清颜白衫、青丝墨染、彩扇飘逸、若仙若灵"的壮阔景象,犹如翻开的画卷,一念之间,观想倥偬岁月的曲艺百年。

↑ 候车大厅

扫描二维码
了解本站更多知识

香格里拉站
3.69

↑ 鸟瞰图

香格里拉站位于云南省迪庆藏族自治州香格里拉市，站房建筑面积 1 万 m^2，站场规模 2 台 4 线，于 2023 年 11 月 26 日开通运营。

该客站以"层峦叠嶂的雪山"为设计理念，建筑整体造型设计灵感来源于巍峨壮丽的石卡雪山，象征香格里拉的辉煌历史和美好未来。独特的建筑色彩、丰富的水平线条，散发浓郁的藏式风韵，体现出香格里拉的独特的建筑风格。

常熟站

3.70

常熟站位于江苏省苏州市常熟市，站房建筑面积 1.9 万 m^2，站场规模 3 台 8 线，于 2023 年 9 月 28 日开通运营。

该客站以"七溪通海，波光粼粼"为设计理念。虚实结合韵律渐变的立面幕墙，宛如水的灵动，又似碧波荡漾的层层涟漪。用极具动态的建筑语言，抽象地表达出入江通海的城市特征，构成了一幅波光粼粼的生动画卷。

候车大厅

云梦东站

3.71

云梦东站位于湖北省孝感市云梦县,站房建筑面积 1.2 万 m²,站场规模 2 台 6 线,于 2019 年 11 月 29 日开通运营。

该客站取意唐代诗人孟浩然的千古绝句"气蒸云梦泽,波撼岳阳城",以云梦水泽为主题,展现古代"云梦大泽"波澜壮阔之美景。建筑形体如水面上此起披伏的波纹,恰似历史文化的长河绵延不绝,表达云梦乘风破浪、实干向前的城市精神。

该客站工程荣获第十五届中国钢结构金奖、2022—2023 年度国家优质工程奖。

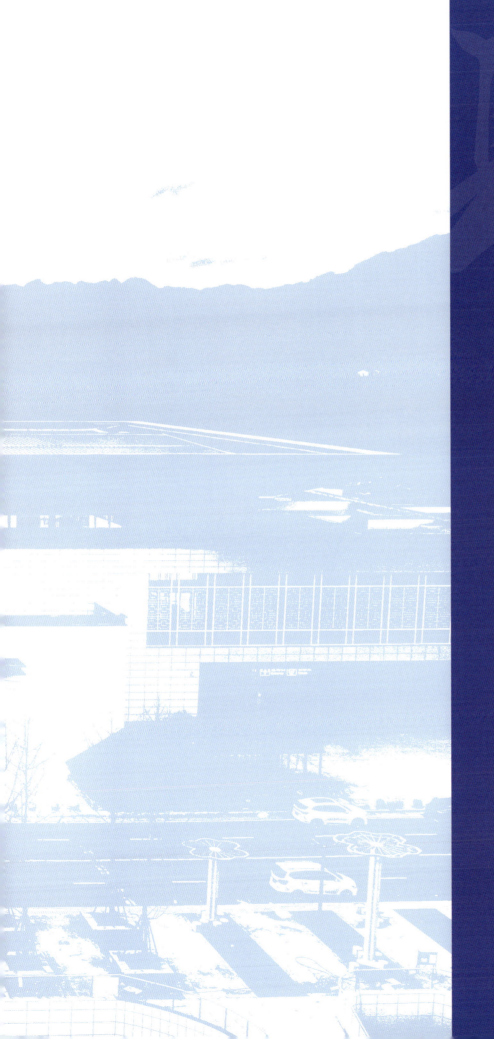

第 4 章

小型铁路客站

XIAOXING TIELU KEZHAN

本章收录了三星堆站、千岛湖站、桃源站、浮梁东站等建筑面积小于 1 万 m² 的 12 座小型铁路客站。

小型铁路客站一站一景，各具特色。三星堆站的"青铜绿""鱼凫纹"元素应用、千岛湖站的湖水蓝与山峦绿的色调搭配、桃源站的古典园林风、浮梁东站的"徽派茶乡"等等，均体现了地方特色、风土人情与铁路客站的有机融合。

设计者以创新性的思维，打造出别具一格的车站风貌，展现出小型客站的独特魅力。

候车大厅

千岛湖站

4.1

千岛湖站位于浙江省淳安县，站房建筑面积 0.9 万 m^2，站场规模 2 台 6 线，于 2018 年 12 月 25 日开通运营。

千岛湖站以"山之形，水之灵"的外形与内在，自然融入群山环抱、湖光涟漪、民居村落之中，互为风景、浑然一体、协调共生。整体站房屋面和雨棚为人字形双坡屋面造型，灰瓦白墙，错落有致，写意山水，与周边青山环绕、溪水潺潺有机融合，尽显江南建筑婉约之美。

◉ 候车大厅

都安站

4.2

都安站位于广西壮族自治区河池市都安县，站房建筑面积 0.8 万 m²，站场规模 2 台 6 线，于 2023 年 8 月 31 日开通运营。

该客站以"山水之城，风情都安"为设计理念，站房屋顶为波浪形，与周边奇峰峻岭、径河古渡等自然风光融为一体，候车大厅融入澄江风景、五彩衣、地下暗河天窗等地方特色元素，山水相融、相得益彰。

环江站

4.3

环江站位于广西壮族自治区河池市环江毛南族自治县,站房建筑面积 0.8 万 m²,站场规模 2 台 4 线,于 2023 年 8 月 31 日开通运营。

该客站以"峰林岩谷,毛南之冠"为设计理念,提取当地喀斯特地貌峰林洼地的地貌元素和毛南族花竹帽造型,站房中部高起与两侧平缓形成强烈对比,隐喻毛南之冠、碧水长天的原生态之美。

↑ 候车大厅

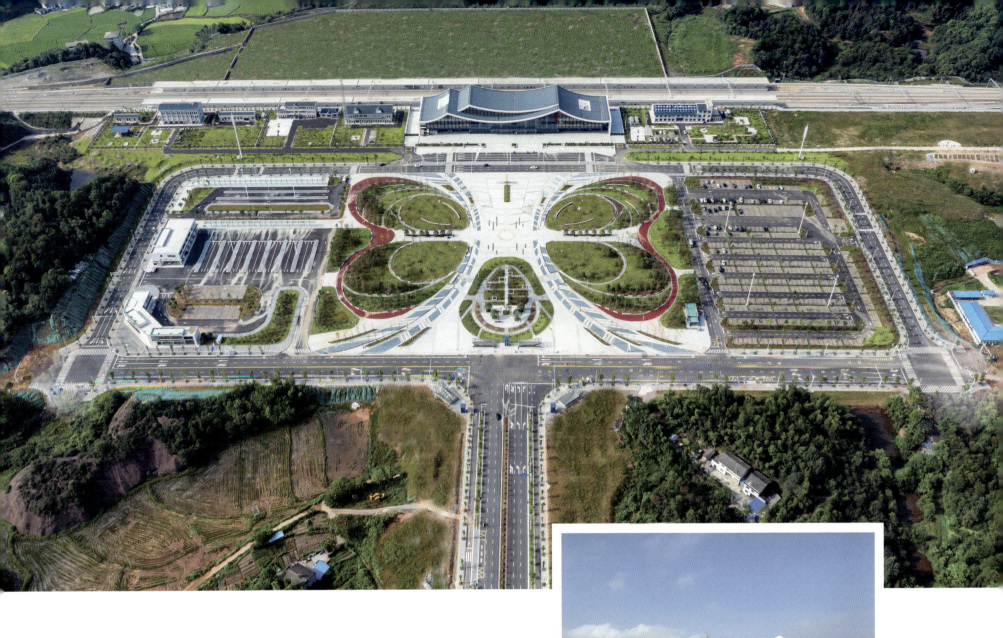

桃源站

4.4

桃源站位于湖南省常德市桃源县，站房建筑面积 0.8 万 m^2，站场规模 2 台 5 线，于 2019 年 12 月 26 日开通运营。

该客站以"师法自然，写意山水"为设计理念，采用非对称式而均衡的布局，以大跨度弧形屋顶作为创作母题，吊顶使用木纹板材，并缀有大跨度灯带，演绎了"韵味悠然，诗意栖居"的意境。

◎ 立面

龙山北站

4.5

龙山北站位于湖南省湘西土家族苗族自治州龙山县，站房建筑面积 0.8 万 m^2，站场规模 2 台 5 线，于 2019 年 12 月 26 日开通运营。

该客站以"孔道驿站，土风苗韵"为设计理念，采用土家吊脚楼的层叠屋檐、抬梁穿斗、西兰卡普等民族元素，富有层次感的立面勾勒出了"土风苗韵"诗意般的画面。

该客站工程荣获湖南省芙蓉奖、铁路优质工程一等奖。

↑ 候车大厅

南乐站

4.6

　　南乐站位于河南省濮阳市南乐县，站房建筑面积 0.8 万 m²，站场规模 2 台 4 线，于 2023 年 12 月 8 日开通运营。

　　该客站以"字韵悠长，生态南乐"为设计理念，将仓颉造字、目连戏、千年古杏林和老牌坊等地方文化元素融入建筑创作中，充分彰显出南乐悠久的文化历史。

↑ 站台

浮梁东站

4.7

浮梁东站位于江西省景德镇市浮梁县,是杭昌高铁安徽段与江西段交接的第一站,站房建筑面积 0.8 万 m^2,站场规模 2 台 4 线,于 2023 年 12 月 27 日开通运营。

浮梁东站以"瓷源茶乡,诗画浮梁"为设计理念,站房整体造型将赣派古建与浮梁茶乡的特色交融呈现,将具有赣北建筑特色元素装饰于建筑立面,配合极具韵律的镂空花窗和虚实相生的幕墙单元,仿佛瓷杯中层层积淀的"浮梁茶",彰显了深厚的人文底蕴。

候车大厅

民丰站

4.8

民丰站位于新疆维吾尔自治区和田地区民丰县，站房建筑面积0.8万 m^2，站场规模2台3线，于2022年6月16日开通运营。

该客站以"五星出东方利中国"汉代织锦护臂为主题，结合入口两侧层次分明的山体造型，展示"汉之兴，五星聚于东井"的吉祥盛世，寓意中华文明繁荣昌盛。独特的古丝路文化、民族风情、现代浪漫风格的设计手法，展现出当地独特的地理与人文风情。

↑ 候车大厅

阳高南站

4.9

　　阳高南站位于山西省大同市阳高县,总建筑为 0.5 万 m^2,站场规模 2 台 4 线,于 2019 年 12 月 30 日开通运营。

　　该客站以"山西之肩背,神京之屏障"为设计理念,整体造型源自阳高云林寺和古长城的抽象和衍生,以轮廓和细节为依托,将晋北地区"古朴厚重"的形神气质演绎得淋漓尽致。候车厅脊梁内嵌晋北民居窗棂,将古典与现代建筑艺术交织相融;进出站通道引入仿明清文化长廊,形象地将阳高地区人文特产、晋北古民居、历史遗迹巧妙地再现。

进站大厅

扫描二维码
了解本站更多知识

东花园北站

4.10

东花园北站位于河北省张家口市怀来县,站房建筑面积 0.5 万 m²,站场规模为 2 台 4 线,于 2019 年 11 月 28 日开通运营。

该客站以"春华秋实"为设计主题。外立面六个围绕"葡萄酒、海棠花、剪纸"元素设计的"酒杯花型柱廊",两侧渐变菱形窗虚实对比,体现了新时代科技发展的节奏和韵律。

该客站工程荣获 2020—2021 年度国家优质工程金奖、第二十届中国土木工程詹天佑奖。

↑ 鸟瞰图

资中西站

4.11

资中西站位于四川省内江市，站房建筑面积 0.5 万 m²，站场规模 2 台 4 线，于 2023 年 12 月 26 日开通运营。

该客站整体采用川南穿斗式建筑风格，檐口为坡屋面形式，站房外立面的木柱和木抬梁融入其中，结合古建筑的抬梁式，重新定义了新中式概念。站房外形如飞鸟振翅，在装饰中融合了球溪河鲶鱼的曲线和圆形元素，展现了资中千年文化底蕴。

候车大厅

三星堆站

4.12

三星堆站位于四川省德阳市广汉市,站房建筑面积 0.3 万 m^2,站场规模 2 台 4 线,于 2023 年 11 月 28 日开通运营。

蜀中沉寂千年梦,一朝醒来天下闻。该客站灵活运用三星堆文化相关元素和符号,将三星堆博物馆中的青铜面具、青铜神树、鱼凫肌理等形象巧妙地运用到建筑设计表现之中,整体建筑色调以青铜绿为主色调,凸显了车站建筑的地方特色和文化底蕴,呈现出了三星堆文化的独特魅力和深厚文化内涵。

第 5 章

铁路站台雨棚

TIELU ZHANTAI YUPENG

本章收录了铁路客站混凝土和钢结构两类站台雨棚。

站台雨棚是重要的铁路客运服务设施,不仅为旅客提供安全舒适的乘降环境,也是铁路客站形象的重要组成部分。重庆西站清水混凝土结构无站台柱雨棚、郑州航空港站联方网壳装配式雨棚、哈尔滨站欧式钢结构雨棚,将建筑与结构、艺术与技术完美结合,打造了安全、经济、适用、美观的精品工程。

混凝土结构雨棚
5.1

① 郑州航空港站预制装配联方网壳雨棚外景

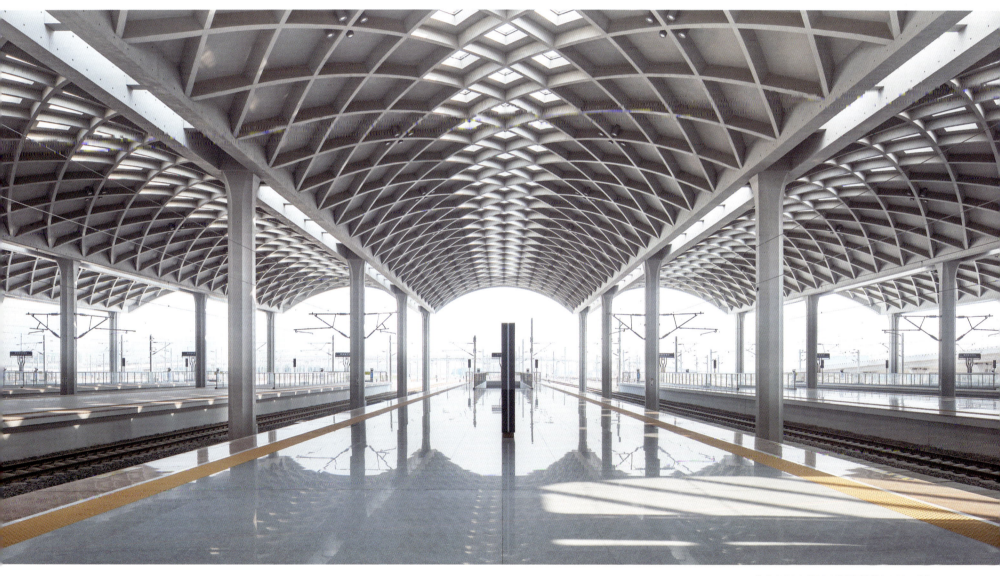

⬆ 郑州航空港站预制装配联方网壳雨棚

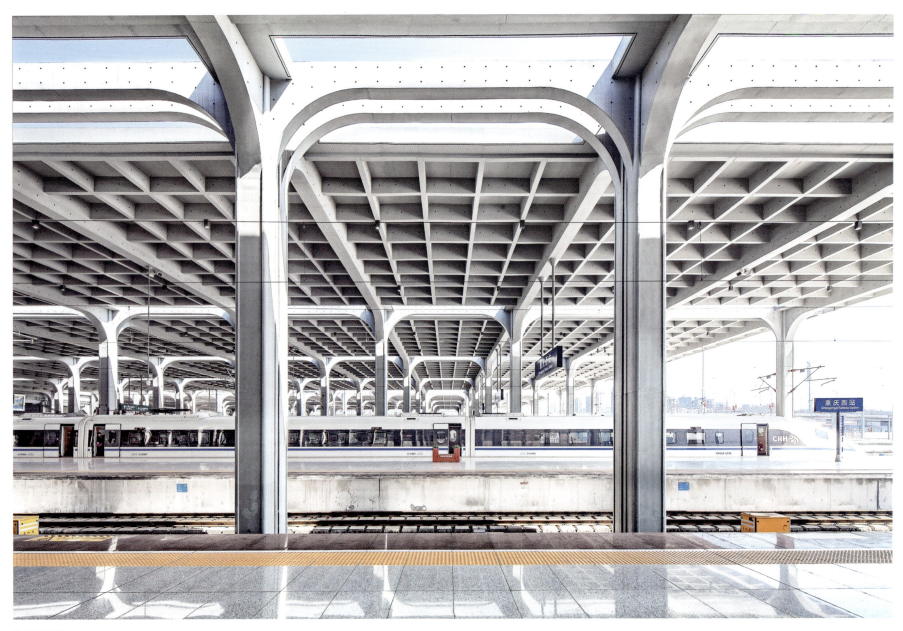

重庆西站

⭑ 郑济铁路站台雨棚

第 5 章 铁路站台雨棚

河池西站

钢结构雨棚

5.2

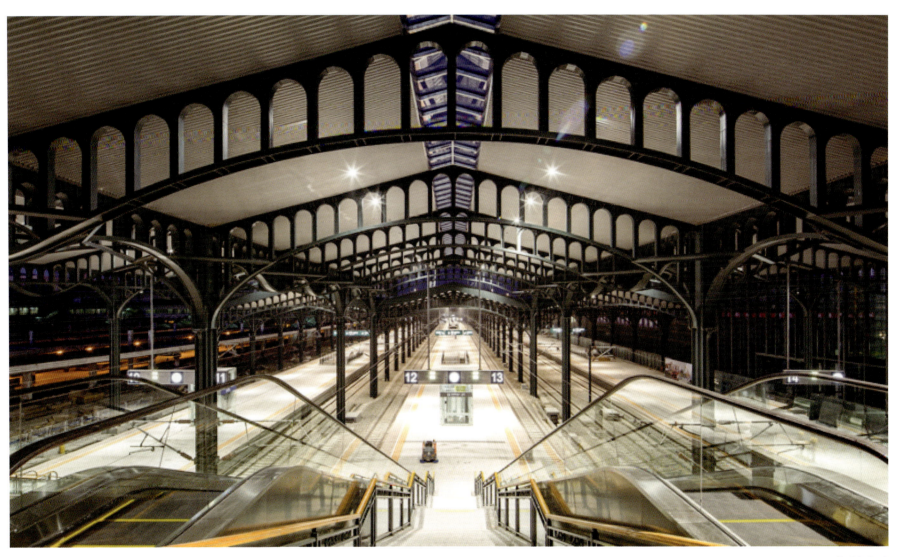

⊕ 哈尔滨站

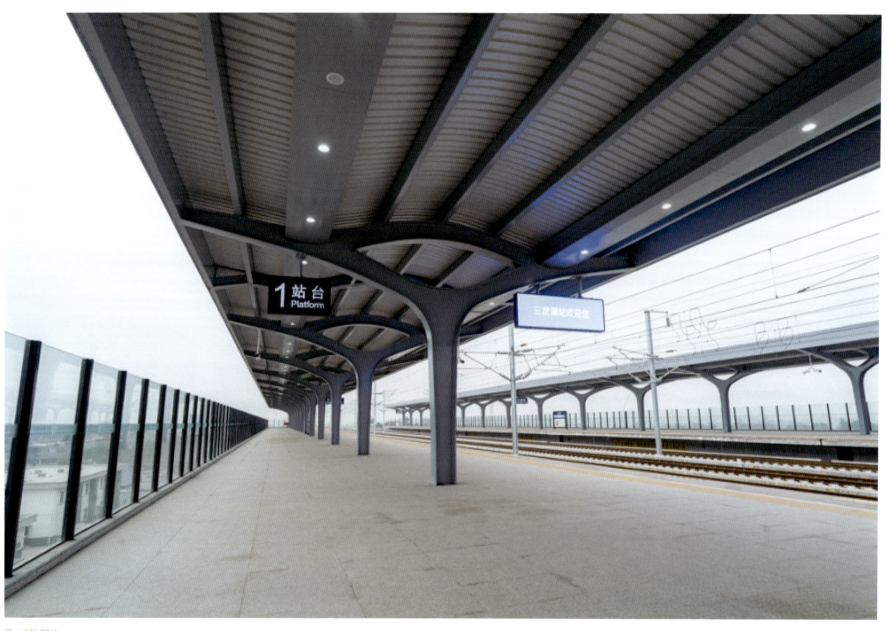

↑ 三岔湖站

索 引

1 特大型铁路客站

序号	站名	站场规模	站房面积/万 m²	设计单位	施工单位	开通年份	页码
1.1	北京丰台站	17台32线	40.0	中国铁设	中铁建工	2022	002
1.2	北京朝阳站	7台15线	18.3	中国铁设、阿海普	中铁建设	2021	006
1.3	郑州航空港站	16台32线	15.0	同济院	中铁建工、中铁四局	2022	011
1.4	雄安站	13台23线	15.0	中国铁设、中国建筑院、北京市政院、阿海普	中铁十二局、中铁建工	2020	014
1.5	广州白云站	11台24线	14.5	铁四院	中铁建工	2023	018
1.6	沈阳南站	12台26线	10.0	中国铁设	中铁建工、中铁九局	2015	023
1.7	重庆西站	15台31线	12.0	同济院、铁二院	中铁十二局	2018	027
1.8	昆明南站	16台30线	12.0	铁四院	中铁建设	2016	031
1.9	柳州站	6台16线	13.8	中信院、铁二院	中铁建设、中铁十九局	2019	035
1.10	杭州西站	11台20线	10.0	中联筑境、铁四院	中铁建工	2022	036
1.11	南昌东站	8台16线	10.0	铁四院、上海联创、GMP（初设及以前），中国铁设（施工图）	中铁建工	2023	041
1.12	合肥南站	22台26线	10.0	铁二院、北京院	中铁建设、中铁11局联合体	2015	044
1.13	厦门北站	7台15线	21.0	铁四院、悉地国际	中铁建设	2023	046

2 大型铁路客站

序号	站名	站场规模	站房面积/万 m²	设计单位	施工单位	开通年份	页码
2.1	杭州南站	7台21线	5.0	中国铁设	中铁三局	2020	052
2.2	滨海站	3台6线	8.6	中国铁设	中铁建工	2015	056
2.3	襄阳东站	9台20线	8	铁四院、中南院	中铁建工	2019	060
2.4	西安站	9台18线	5.0（新建）	西北院、铁一院	中铁建工、中铁一局	2021	064
2.5	哈尔滨站	8台16线	8.9	中国铁设	中铁建工	2018	068
2.6	贵安站	4台8线	6.1	铁二院	中铁建工	2022	072
2.7	聊城西站	6台15线	5.0	中国铁设、阿海普	中建八局	2023	074
2.8	潍坊北站	7台20线	6.0	中联筑境	中铁建工	2018	076
2.9	庐山站	8台25线	6.0	铁五院、同济院	中铁建设、中铁四局、中铁四局电气化公司	2022	078
2.10	菏泽东站	6台15线	6.0	中南院	中铁建设	2021	081
2.11	常德站	9台20线	6.0	铁四院	中铁建设	2022	082
2.12	青岛西站	6台14线	6.0	中国铁设	中铁十局	2018	085
2.13	呼和浩特东站	9台20线	4.3（新建）	中国铁设	中铁六局	2011	086

索 引

2 大型铁路客站

序号	站名	站场规模	站房面积 / 万 m²	设计单位	施工单位	开通年份	页码
2.14	淮安东站	4 台 10 线	6.0	悉地国际	中铁建工	2019	088
2.15	平潭站	2 台 5 线	5.4	铁四院	中铁建工	2020	090
2.16	赣州西站	4 台 8 线	5.0	中南院	中铁建工	2019	094
2.17	福州南站	8 台 16 线	5.0	铁四院、同济院	中铁建工	2023	096
2.18	新塘站	7 台 17 线	5.0	铁四院	中铁四局	2023	100
2.19	芜湖站	8 台 20 线	5.6	悉地国际	中铁电气化局	2020	102

3 中型铁路客站

序号	站名	站场规模	站房面积 / 万 m²	设计单位	施工单位	开通年份	页码
3.1	宜宾站	5 台 12 线	4.7	铁二院、西南院、悉地国际	中铁三局	2023	106
3.2	株洲站	6 台 15 线	4.5	中铁上海院	中铁建工	2022	109
3.3	江阴站	4 台 10 线	4.2	铁五院	中铁建工	2023	110
3.4	大同南站	4 台 9 线	4.0	铁五院、中铁时代	中铁建工	2019	112
3.5	安庆西站	3 台 7 线	4.0	同济院、铁五院	中铁建工	2021	114
3.6	南阳东站	3 台 8 线	4.0	铁五院	中铁建设	2019	117
3.7	黄山北站	7 台 16 线	4.0	铁四院	中铁建设	2015	118
3.8	江门站	8 台 20 线	4.0	铁四院	中铁建工	2020	121
3.9	莆田站	3 台 7 线	3.9	铁四院、悉地国际	中铁十二局	2023	123
3.10	东莞南站	4 台 8 线	3.0	铁四院、同济院	中铁四局	2021	124
3.11	益阳南站	6 台 18 线	4.0	中铁设计	中铁建工	2022	127
3.12	张家界西站	7 台 17 线	3.5	铁一院	中建五局	2019	128
3.13	自贡站	4 台 8 线	3.5	铁二院、西南院	中铁建工	2021	130
3.14	嘉兴站	3 台 6 线	1.6	铁四院	中铁建工	2021	132
3.15	潮汕站	4 台 12 线	1.0	铁四院	中铁建设	2022	136
3.16	邵阳站	3 台 8 线	3.2	铁四院	中铁二十五局	2023	139
3.17	吉安西站	3 台 7 线	3.0	铁四院	中铁建设	2019	140
3.18	长白山站	5 台 12 线	3.0	中国铁设、同济院	中铁建设	2021	143
3.19	南宁北站	3 台 8 线	3.0	铁二院	中铁建设	2023	144
3.20	惠州南站	2 台 6 线	3.0	铁四院	中铁十七局	2023	147

索 引

3 中铁路客站

序号	站名	站场规模	站房面积 / 万 m²	设计单位	施工单位	开通年份	页码
3.21	泉州南站	3 台 7 线	3.0	中土福州院	中铁电气化局	2023	149
3.22	宣城站	5 台 14 线	3.0	铁四院	中铁二十四局	2020	150
3.23	牡丹江站	8 台 17 线	3.0	铁五院、哈大设计院	中铁二十二局	2018	153
3.24	濮阳东站	3 台 7 线	2.6	中铁设计	中铁建工	2022	154
3.25	虎门站	2 台 6 线	2.3	铁四院	中铁建设	2023	157
3.26	长治东站	3 台 7 线	2.0	中铁华铁	中铁建设	2020	158
3.27	晋城东站	3 台 7 线	2.0	中铁时代	中铁十六局	2020	161
3.28	增城站	2 台 6 线	2.0	铁四院	中铁广州局	2023	162
3.29	古首东站	3 台 7 线	2.0	悉地国际	中铁城建	2021	165
3.30	唐山西站	2 台 6 线	1.6	北京市政院	中铁十一局	2022	166
3.31	景德镇北站	5 台 13 线	1.7	中国铁设	中铁十七局	2023	169
3.32	金坛站	4 台 10 线	1.6	铁五院	中铁建设	2023	170
3.33	滑浚站	2 台 6 线	1.6	西北院	中铁建设	2022	172
3.34	南通西站	4 台 8 线	1.6	中铁时代	中铁建工	2020	174
3.35	东台站	4 台 8 线	1.5	中国铁设	中铁建工	2020	177
3.36	格尔木站	3 台 5 线	1.5	铁一院	中铁建工	2020	179
3.37	邳州东站	3 台 8 线	1.5	悉地国际	中铁建工	2021	181
3.38	林芝站	3 台 6 线	1.5	铁二院	中铁建工	2021	182
3.39	颍上北站	2 台 4 线	1.5	同济院	中铁建工	2019	185
3.40	山南站	2 台 5 线	1.5	铁二院	中铁建设	2021	187
3.41	句容站	2 台 6 线	1.5	铁五院	中铁二十四局	2023	188
3.42	承德南站	4 台 10 线	1.5	悉地国际	中铁电气化局	2018	190
3.43	淮南南站	2 台 6 线	1.5	铁四院	中铁上海局	2019	193
3.44	庆阳站	3 台 6 线	1.5	铁一院、中南院	中铁广州局	2020	194
3.45	凤凰古城站	2 台 6 线	1.5	铁四院	中铁八局	2021	197
3.46	禹州站	2 台 6 线	1.5	铁四院	中铁七局	2019	198
3.47	普洱站	3 台 8 线	1.2	铁二院、中联筑境	中铁建工	2021	201
3.48	黟县东站	2 台 8 线	1.2	中国铁设、同济院	中铁建工	2023	202

索 引

3 中型铁路客站

序号	站名	站场规模	站房面积 / 万 m²	设计单位	施工单位	开通年份	页码
3.49	随州南站	2 台 6 线	2.0	中南院	中铁建工	2019	205
3.50	如皋南站	2 台 4 线	1.9	中国铁设	中铁建设	2020	206
3.51	庐江西站	2 台 6 线	1.2	铁四院	中铁建设	2020	208
3.52	富阳站	2 台 4 线	1.2	铁四院	中铁建设	2018	211
3.53	舒城东站	2 台 4 线	1.2	铁四院	中铁四局	2020	212
3.54	太子城站	3 台 4 线	1.2	中铁设计	中铁六局	2019	215
3.55	绩溪北站	5 台 14 线	2.3	铁四院	中铁十一局	2018	216
3.56	武进站	2 台 6 线	1.2	铁五院	中铁电气化局	2023	219
3.57	遵义站	4 台 11 线	1.2	铁二院	中铁电气化局	2018	220
3.58	燕郊站	4 台 15 线	1.6	铁六院	中铁电气化局	2022	223
3.59	河池西站	3 台 7 线	1.2	铁二院	中铁北京局	2023	224
3.60	乐平北站	2 台 4 线	1.2	中国铁设	中铁北京局	2023	227
3.61	长清站	2 台 6 线	1.0	悉地国际	中建八局	2023	228
3.62	磨憨站	2 台 9 线	1.5	悉地国际	中铁建工	2021	230
3.63	西双版纳站	3 台 12 线	1.0	悉地国际	中铁建工	2021	233
3.64	荔波站	3 台 6 线	1.0	上海联创	中铁建设	2023	235
3.65	永清东站	2 台 6 线	1.0	中国铁设	中铁建设	2023	236
3.66	安吉站	2 台 5 线	1.0	铁四院	中铁建设	2020	239
3.67	太湖南站	2 台 4 线	1.0	中铁时代	中铁北京局	2021	240
3.68	宿松东站	2 台 4 线	1.0	中铁时代	中铁北京局	2021	243
3.69	香格里拉站	2 台 4 线	1.0	悉地国际	中铁城建	2023	244
3.70	常熟站	3 台 8 线	1.9	中南院	中铁建设	2023	246
3.71	云梦东站	2 台 6 线	1.2	铁五院 / 中铁时代	中铁建设	2019	247

4 小型铁路客站

序号	站名	站场规模	站房面积 / 万 m²	设计单位	施工单位	开通年份	页码
4.1	千岛湖站	2 台 6 线	0.9	铁四院	中铁建工	2018	250
4.2	都安站	2 台 6 线	0.8	铁五院	中铁北京局	2023	251
4.3	环江站	2 台 4 线	0.8	中南院	中铁北京局	2023	252
4.4	桃源站	2 台 5 线	0.8	中南院	中铁北京局	2019	253

索 引

4 小型铁路客站

序号	站名	站场规模	站房面积 / 万 m²	设计单位	施工单位	开通年份	页码
4.5	龙山北站	2 台 5 线	0.8	铁四院	中铁城建	2019	254
4.6	南乐站	2 台 4 线	0.8	悉地国际	中铁十八局	2023	255
4.7	浮梁东站	2 台 4 线	0.8	中国铁设	中铁十七局	2023	257
4.8	民丰站	2 台 3 线	0.8	中南院	中铁建设	2022	258
4.9	阳高南站	2 台 4 线	0.5	铁五院 / 中铁时代	中铁建设	2019	259
4.10	东花园北站	2 台 4 线	0.5	北方 - 汉沙杨	中铁建设	2019	261
4.11	资中西站	2 台 4 线	0.5	上海建筑院	中铁九局	2023	262
4.12	三星堆站	2 台 4 线	0.3	铁二院	中铁九局	2023	263

5 铁路站台雨棚

序号	站名	站场规模	站房面积 / 万 m²	设计单位	施工单位	开通年份	页码
5.1	混凝土结构雨棚	—	—	—	—	—	266
5.2	钢结构雨棚	—	—	—	—	—	271

新时代
中国铁路客站

《新时代中国铁路客站》编委会 著

中国铁道出版社有限公司
CHINA RAILWAY PUBLISHING HOUSE CO., LTD.

2024年·北京

《新时代中国铁路客站》编委会

主　任	王同军
副主任	汤晓光　马明正　吴克非　朱　旭
编　审	孙明智　陈东杰　张立新　韩志伟　陈奇会　姚　涵 王玉生　何晔庭　钱增志　严　峰　李宏伟　陶　然 傅海生　金旭炜　罗汉斌　刘亚刚　魏　崴
主编单位	中国国家铁路集团有限公司工程管理中心 中国国家铁路集团有限公司工程设计鉴定中心 中铁建工集团有限公司 中铁建设集团有限公司
参编单位	中国铁路设计集团有限公司 中铁第一勘察设计院集团有限公司 中铁二院工程集团有限责任公司 中铁第四勘察设计院集团有限公司 中铁第五勘察设计院集团有限公司 同济大学建筑设计研究院（集团）有限公司
编　委	梁生武　杜通道　郝　光　方　健　吉明军　方宏伟 刘　鹏　宋怀金　王科学　韩　锋　陈月平　毛晓兵 毛　竹　杨　涛　黄　波　王凯夫　贺　敏
编写组	周彦华　傅小斌　李铁东　李　颖　凡靠平　温　恺　王　硕 黄家华　段时雨　史宪晟　蒋东宇　郭瑞霞　蔡　珏　郑云杰 蔡　云　姜　锐　高俊华　殷　峻　苏　杭　丛义华　钟　京 孙亚伟　余　俊　张少森　薛宏斌　王　鑫　吉永丽

CONTENTS　目录

6	北京丰台站	**31**	菏泽东站
8	北京朝阳站	**33**	平潭站
10	郑州航空港站	**34**	嘉兴站
13	雄安站	**37**	南宁北站
14	广州白云站	**38**	惠州南站
17	重庆西站	**41**	牡丹江站
18	昆明南站	**43**	香格里拉站
20	杭州西站	**45**	林芝站
23	南昌东站	**46**	山南站
24	厦门北站	**49**	普洱站
26	西安站	**50**	黟县东站
28	哈尔滨站	**53**	西双版纳站
		55	遵义站

北京丰台站

北京丰台站位于北京市丰台区，是国内首座双层车场型式的特大型车站，于2022年6月20日开通运营。该客站工程荣获第十五届中国钢结构金奖年度杰出工程大奖、中国建筑金属结构协会科学技术奖一等奖、2023年度中国建筑业协会"行业年度十大技术创新"称号。

北京朝阳站

北京朝阳站位于北京市朝阳区,于2021年1月22日开通运营。该客站工程荣获第十四届中国钢结构金奖、2022年度中国建筑工程装饰奖、2022—2023年度中国建设工程鲁班奖等奖项。

郑州航空港站

　　郑州航空港站位于河南省郑州市中牟县,是集高铁、城际、航空、地铁于一体的特大型综合交通枢纽,于 2022 年 6 月 20 日正式开通运营。该客站站台雨棚采用全国客站首创的预制装配清水混凝土联方网壳结构。

雄安站

雄安站位于河北省雄安新区,于 2020 年 12 月 27 日开通运营。该客站工程荣获第十四届中国钢结构金奖年度杰出工程大奖、2022—2023 年度国家优质工程金奖、2022—2023 年度中国建设工程鲁班奖。

广州白云站

广州白云站位于广东省广州市白云区,是广州铁路枢纽"五主四辅"主要客站之一,是新时代"站城融合"的典范之作,于2023年12月26日开通运营。

重庆西站

重庆西站位于重庆市沙坪坝区,是我国西部地区的重要枢纽站之一,于2018年1月25日开通运营。该客站工程荣获第十三届中国钢结构金奖、2018—2019年度国家优质工程金奖、2018—2019年度中国建设工程鲁班奖、第十七届中国土木工程詹天佑奖。

昆明南站

昆明南站位于昆明市呈贡区，于 2016 年 12 月 28 日开通运营。该客站工程荣获第十三届中国钢结构金奖、2018 年度中国建筑工程装饰奖、第十八届中国土木工程詹天佑奖、2020—2021 年度国家优质工程金奖、2017—2018 年度中国建设工程鲁班奖。

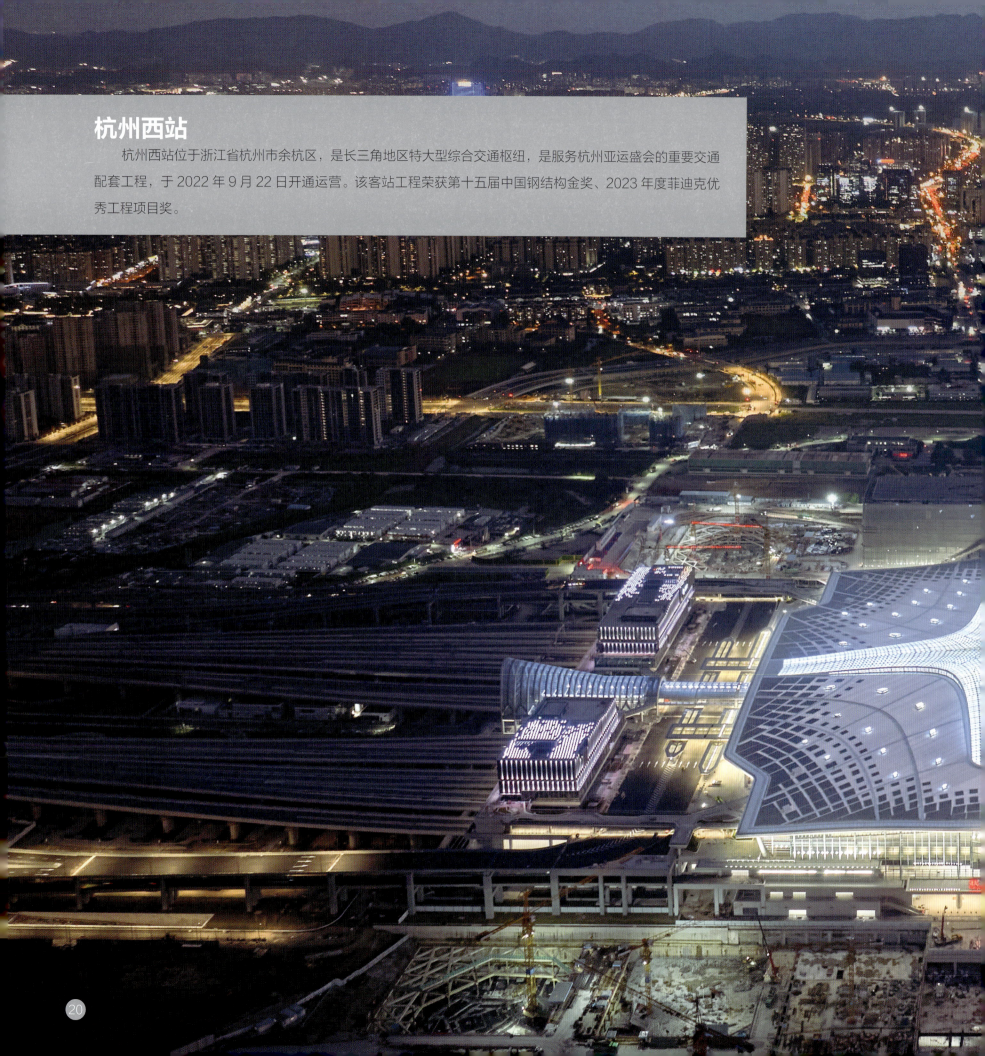

杭州西站

杭州西站位于浙江省杭州市余杭区,是长三角地区特大型综合交通枢纽,是服务杭州亚运盛会的重要交通配套工程,于2022年9月22日开通运营。该客站工程荣获第十五届中国钢结构金奖、2023年度菲迪克优秀工程项目奖。

南昌东站

南昌东站位于江西省南昌市青山湖区,是长江经济带上的重要交通枢纽,于2023年12月27日开通运营。该客站在中国铁路站房项目中首次运用"钢结构6S智能建造"技术,实现了大跨度三联拱屋面钢结构整体同步滑移。

厦门北站

厦门北站位于福建省厦门市集美区,于 2023 年 9 月 28 日开通运营。该客站工程荣获第十六届中国钢结构金奖、第十三届中国土木工程詹天佑奖。

西安站

西安站位于陕西省西安市新城区,于2021年12月31日开通运营。该客站工程荣获陕西省优秀工程设计一等奖、2019年度菲迪克优秀工程项目奖、第十五届中国钢结构金奖、2022—2023年度国家优质工程奖。

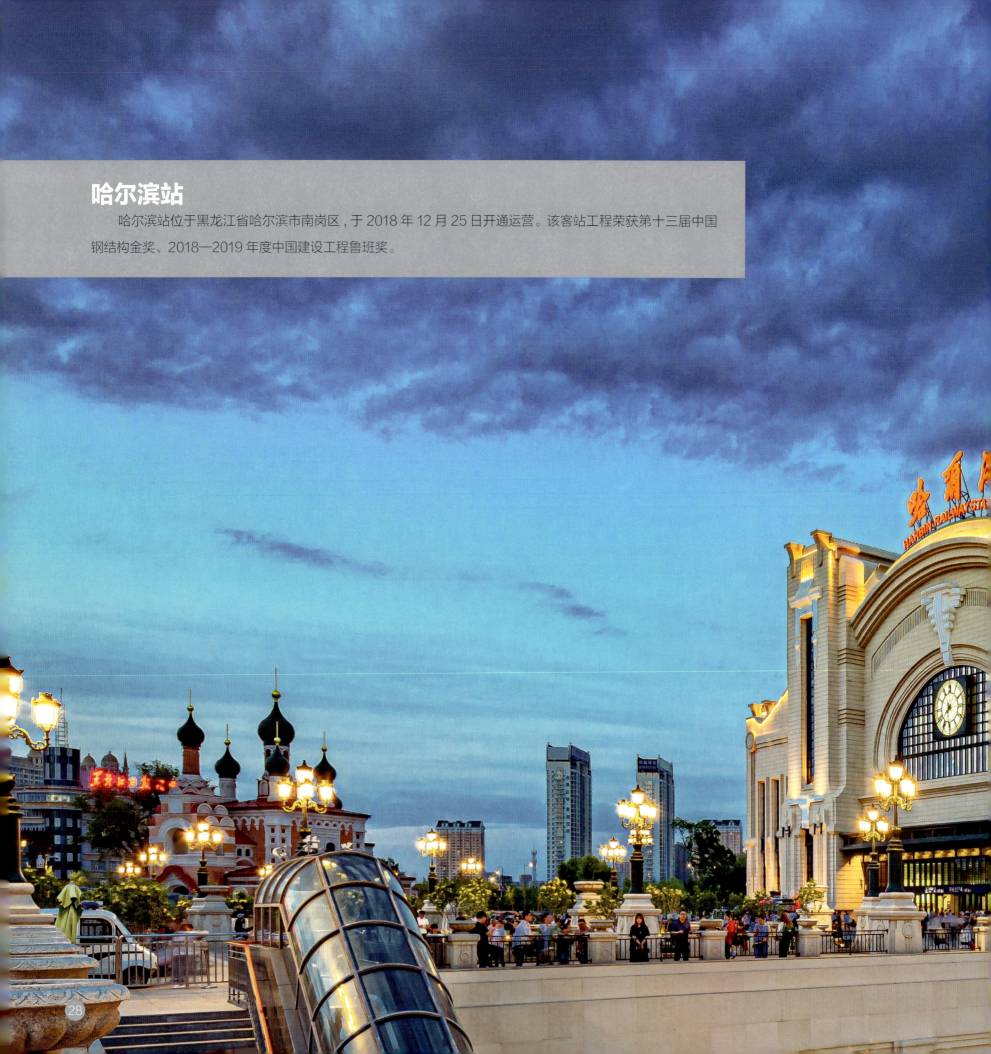

哈尔滨站

哈尔滨站位于黑龙江省哈尔滨市南岗区，于 2018 年 12 月 25 日开通运营。该客站工程荣获第十三届中国钢结构金奖、2018—2019 年度中国建设工程鲁班奖。

菏泽东站

菏泽东站位于山东省菏泽市,于2021年12月26日开通运营。该客站工程荣获第十五届中国钢结构金奖。

平潭站

平潭站位于平潭岛钟楼村，于2020年12月26日开通运营。该客站工程荣获2022—2023年度中国建设工程鲁班奖、IAI全球设计奖铜奖。

嘉兴站

嘉兴站位于浙江省嘉兴市南湖区，于2021年6月25日开通运营。该客站工程荣获2023年度中国建筑工程装饰奖、2022—2023年度国家优质工程奖。

扫描二维码
了解本站更多知识

南宁北站

南宁北站位于南宁市武鸣城区以西，于 2023 年 8 月 31 日开通运营。该客站工程荣获 2023 年广西优质结构工程奖。

惠州南站

惠州南站位于广东省惠州市惠城区，于 2023 年 9 月 26 日开通运营。

牡丹江站

牡丹江站位于黑龙江省牡丹江市西安区,是黑龙江省铁路客运重要枢纽之一,于 2018 年 12 月 31 日开通运营。该客站工程荣获国家铁路局优秀勘察设计二等奖、黑龙江省优秀工程设计二等奖。

香格里拉站

香格里拉站位于云南省迪庆藏族自治州香格里拉市,于2023年11月26日开通运营。该客站以"层峦叠嶂的雪山"为设计理念,建筑整体造型设计灵感来源于巍峨壮丽的石卡雪山,象征着香格里拉的辉煌历史和美好未来。

林芝站

林芝站位于西藏自治区林芝市巴宜区,于2021年6月25日开通运营。该客站工程荣获西藏自治区"雪莲杯"奖、2022—2023年度中国建设工程鲁班奖(国家优质工程)。

山南站

山南位于西藏自治区山南市泽当镇，于 2021 年 6 月 25 日开通运营。

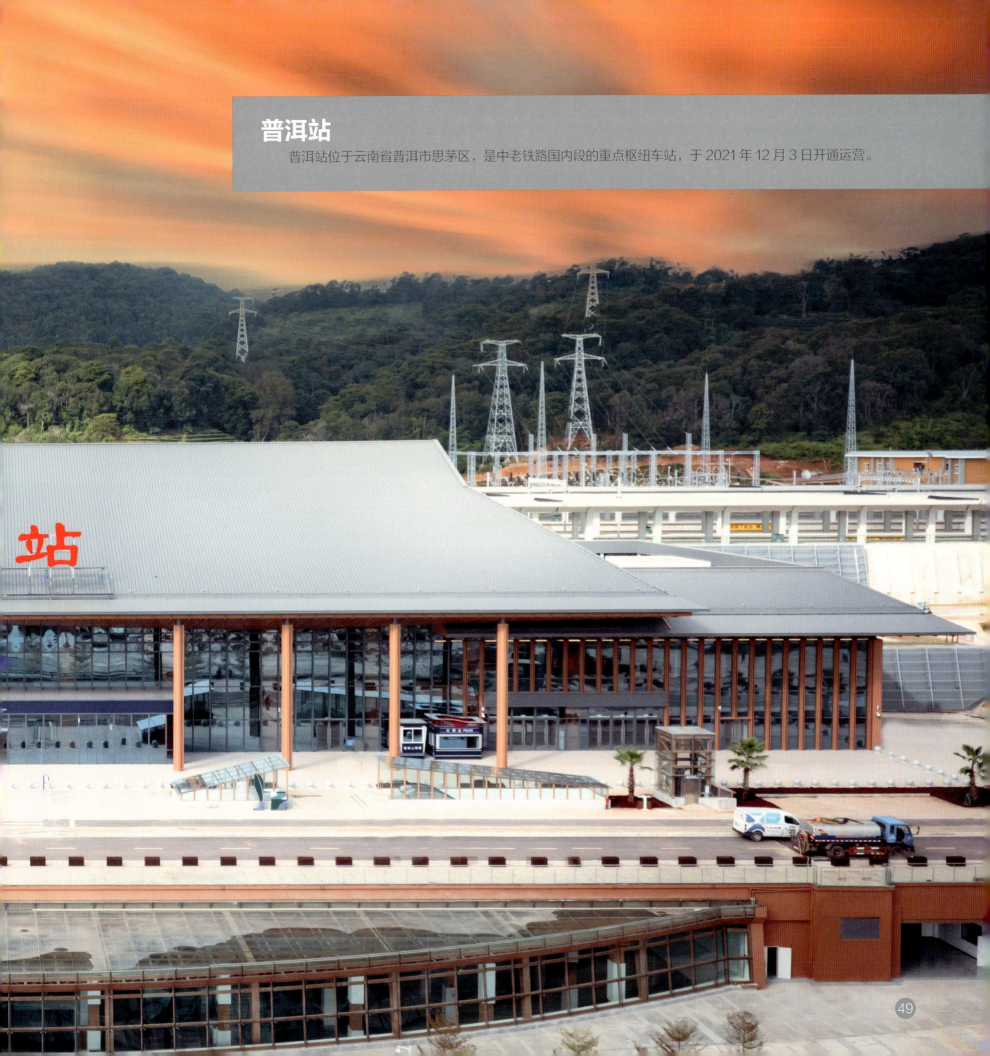

普洱站

普洱站位于云南省普洱市思茅区,是中老铁路国内段的重点枢纽车站,于2021年12月3日开通运营。

黟县东站

黟县东站位于安徽省黄山市黟县,于2023年12月27日开通运营。

西双版纳站

　　西双版纳站位于云南省景洪市,于2021年12月3日开通运营。该客站以"雀舞彩云,灵动版纳"为设计理念,屋顶造型如展翅的孔雀翩翩起舞,彰显热情好客的民族风情。

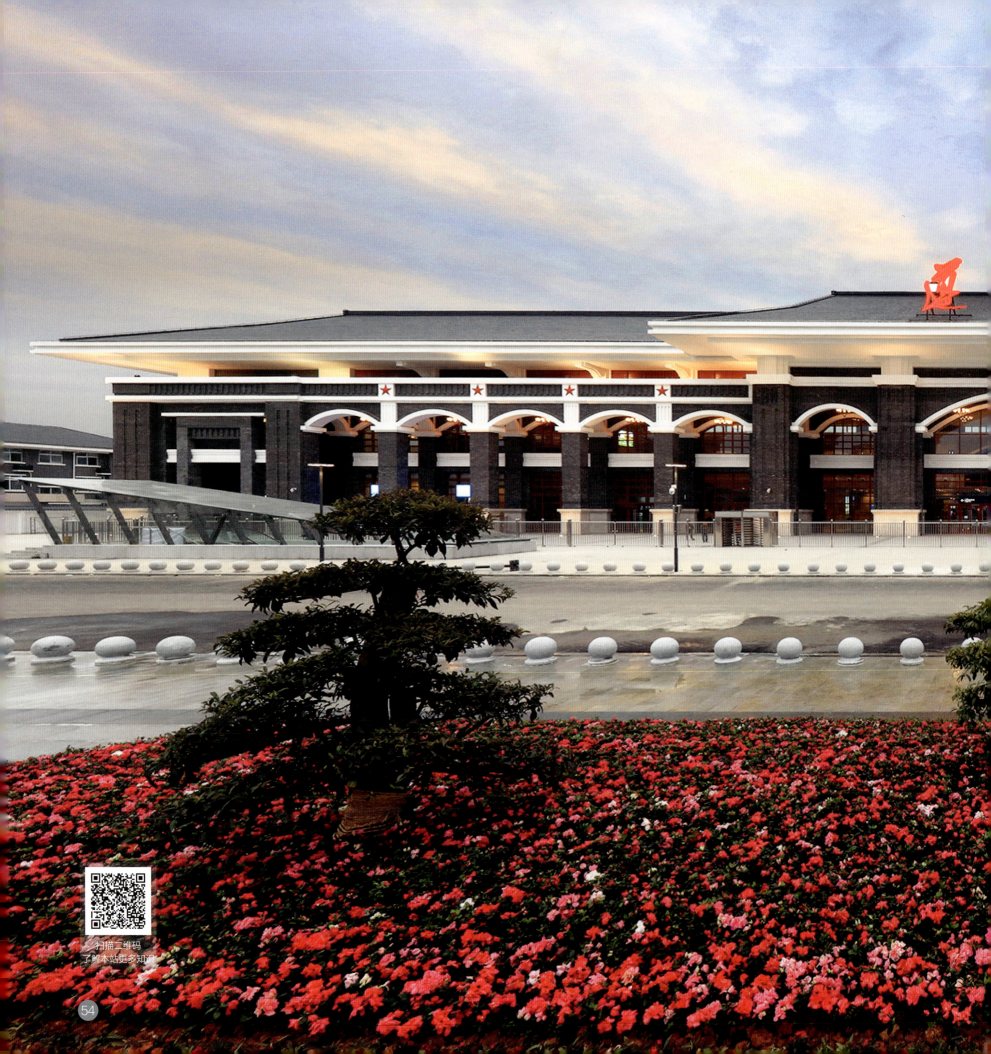

遵义站

遵义站位于贵州省遵义市红花岗区,于2018年1月25日开通运营。该客站立面设计以遵义会议会址建筑为原型,既传承了遵义会议的红色精神,又满足了站房建筑的功能需求,打造了百年不朽的标志性建筑。